矽谷傳說

Silicon Valley
CONFIDENTIAL

臥底報告

尼可

Nicolle

著

和 Nicolle 一起勇闖矽谷 ♡

全美最富有的小鎮————矽谷阿瑟頓，這裡的
豪宅被磚牆和樹籬掩映著。

谷歌總部園區 Googleplex。

蘋果舊總部 Infinite Loop 內，
至今仍掛著賈伯斯的照片。

> "If you do something and it turns out pretty good, then you should go do something else wonderful, not dwell on it for too long. Just figure out what's n
>
> **Steve Jobs**

蘋果舊總部牆上仍有賈伯斯語錄。

臉書 (Meta) 執行長馬克‧祖克柏的辦公室「魚缸」，被玻璃牆面從外面看進去一清二楚。

臉書 (Meta) 的初創辦公室也位於帕拉阿圖的大學路。

惠普創業車庫位於帕拉阿圖，被譽為矽谷誕生地。

臉書 (Meta) 的開放式辦公室。

矽谷帕拉阿圖的大學街，創業者直接在街上 pitch。

矽谷帕拉阿圖的大學街綠樹成蔭，單車隨處可見。

史丹佛大學附近的 Coupa Cafe 是創業家和創投者最常會面的地方之一。

矽谷的特殊景觀——睡在交流道旁帳篷內的遊民。

贊同推薦

尼可細膩的生活美學、獨到的人文審美觀，在一切講究科技化、快速、效率的矽谷，是一股清新雋永的生命力。讓我們從這位前DJ、充滿藝術氣息的女孩身上看她如何勇闖矽谷大企業、破解矽谷職場密碼。

──《文藝少女的矽谷進擊》作者　Vanessa Wang

人生是永遠的測試版，而矽谷總能讓人不斷快速更新，提供了更趨近自我實現的養分。我們不僅看到 Nicolle 對矽谷的細心觀察，更看到她在矽谷經歷不斷更新後，對工作、生活和人生許多寶貴的反思，從而自信地找到專屬於自己的一條路。本書推薦給想成為更好的自己的你。

──「矽谷輕鬆談」Podcast主持人　肯吉與柯柯

矽谷是集全球最佳腦力、無窮精力與鉅額資金堆疊的野心之巔，舉凡有這些元素的戰場都能見到人性的貪婪與失落。尼可細膩的筆觸帶領讀者穿越繽紛與迷失，以身處局內的局外人之姿寫下一本科技產業文化人類學的作品，令人驚艷！

──作家　徐豫（御姊愛）

尼可的矽谷傳說臥底報告，從她文組女生的角度，分享她在矽谷新創、科技巨頭的工作經驗，更有大量她觀察環境、朋友、生活的鮮活例子，不論你是想要了解矽谷氛圍、科技公司的工作故事、矽谷生活的各個面向，或是理解每年來來去去矽谷人的美麗與哀愁，看完這本書都會讓你深刻體會真實有溫度的生命故事。

——半路出家軟體工程師在矽谷

矽谷像是二十一世紀的迪士尼城堡，裡面滿是美夢成真的機會和令人欽羨的故事，謝謝尼可分享城堡的美麗與哀愁；在很多人都追求成為某種矽谷人的同時，謝謝尼可分享與眾不同的視野和選項：我們永遠可以做自己。

——暢銷作家　張瀞仁

如果說矽谷生活是美國夢的極致版本，那麼曾在蘋果與臉書工作，也歷經新創公司與個人創業的尼可，她的親身經歷與輕鬆語調，讓我們領略為什麼矽谷居大不易，卻又這麼吸引人。

——Taiwan Global Angels 創辦人　詹益鑑IC

讀著尼可的《矽谷傳說臥底報告》，發現我們最幸福的是：可以憧憬矽谷，卻不用面對工作淘汰制的壓力；可

以品讀矽谷，卻不用承受天價的居住成本。因為最強臥底
尼可，用自己的生命經驗，為你如實揭開矽谷的美麗與哀
愁！

——「Life不下課」節目主持人　歐陽立中

　　Nicolle是一位才華洋溢又對工作和生活充滿熱情的奇
女子，透過她的臥底觀察，更能窺見矽谷科技巨頭的獨特
工作文化，還有對應「矽谷夢」的各種迷思解讀。如果你
想了解真正的矽谷，絕不能錯過這本精采的好書！

——矽谷影響力基金會執行長
謝凱婷KT（矽谷美味人妻）

　　這本書戳中了心中長久的矛盾：在那個叫矽谷的家，
我明明是個局外的矽漂族，卻為什麼又活得這麼自在？原
來能讓你「大方做自己」的地方就叫做家，而那裡剛好也
叫做「矽谷」。

——《異類矽谷》作者／矽谷工程師　鱸魚

勇闖矽谷

提到矽谷，哪些字眼會出現在你的腦海？

全球科技重鎮，伊隆・馬斯克（Elon Musk），臉書，科技宅男，比特幣，無人機……？

關於矽谷的傳說，幾個世代以來，不斷被世人津津樂道地傳頌著。在這個傳說裡，主角一定有思考大膽、喜愛冒險的創業家、對技術追求極致的頂尖工程師，和慧眼獨具、狂熱偏執的創投家。憑藉這些人的才華和努力，和矽谷完善的創業生態圈，締造了一個個劃時代的創業傳奇，市值上億的科技巨擘因而誕生。

矽谷改寫了無數的產業，以及許多人的生命軌跡。

沒來過矽谷的人，都嚮往它的創新奔放，而來到矽谷的人，則希望成為這些傳說中的一部分。幾個世代以來，有人留下了，有人離開了，但矽谷始終在我們的心中扎了根。我接下來要講的矽谷，跟你心目中的矽谷可能很不一樣。

畢竟，在這裡「一切都有可能發生」……

＊　　＊　　＊　　＊　　＊

三十一歲那年，我搬到一個陌生的異地──加州矽谷。

雖然我已在美國這片土地前前後後生活了四年，但我居住的德州，和矽谷在風土民情有天差地遠的區別，有時甚至像兩個國家。

我從德州首都奧斯汀廣告研究所畢業後，輾轉在當地和台灣工作，婚後搬到休士頓，一個以石油和能源工業掛帥的城市。我在那度過剛到美國的頭四年，跌跌撞撞的我，熬過語言和文化適應的撞牆期，畢業時遇到金融海嘯，過關斬將好不容易拿到工作簽證。

當我逐漸適應休士頓的生活，找到自己的小圈圈，某天下班回家，老公P一臉神祕開門迎接我，要我坐在餐桌前說：「我們要搬到矽谷了！」他慎重宣布。

我從沒去過矽谷，對矽谷灣區的印象不外乎：美國「天龍國」、工程師心中的聖地麥加，以及滿街的無人駕駛車和智慧路燈。從朋友的臉書，矽谷生活看起來高檔又科技味十足。我大口吃德州BBQ時，矽谷人正享用米其

林餐廳的法式蝸牛；我拎著超市購物袋用鑰匙開家門時，矽谷人早已透過智慧手機打開門鎖；加班的夜晚，我從抽屜拿出巧克力餅乾果腹，矽谷人則在新穎的員工餐廳享用有機壽司和無麩質點心。

這次的遷徙使我既期待又焦慮，我們能適應矽谷高昂的生活水平嗎？我會交到新朋友嗎？念文組的我，在科技掛帥的男人谷能找到工作嗎？

我曾與許多留學生一樣，經歷痛苦的文化衝擊：逼迫自己只能說英文，用最短的時間融入美國；被問到從哪裡來時，不厭其煩解釋台灣不是泰國（英文Taiwan、Thailand發音相近）。

德州是我留學的地方，如同我在美國的家鄉。但我很快發現，無論對德州或矽谷來說，我都是個「局外人」，因為一直以來我的身分認同來源都倚靠「跟別人有所不同」。在奧斯汀念書時，我是班上唯一的台灣人；在休士頓上班時，我是部門唯一連CPU是什麼都不知道的文科女生。

而現在搬到矽谷，我是一個德州來的地方太太落入菁英群立、科技掛帥的男人谷，即將歷經來美國的第二次文化衝擊。

陽光燦爛、市容乾淨，到處是特斯拉和保時捷名車的矽谷，透著不尋常的寧靜，高速公路旁是農田，如此鄉下的地方不像誕生蘋果、谷歌、臉書、英特爾、惠普等科技巨人的所在地。

如果說我在休士頓遇到一半以上的人都在石油產業，那麼在矽谷遇到半數以上的人都在科技公司或搞創業。

搬到矽谷後我參加的第一場喬遷派對，現場清一色是史丹佛或常春藤名校畢業的碩博士。穿搭品味一流、體態穠纖合度的太太們，吃著魚子醬開胃菜、喝著香檳，當中不乏世界五百強企業的總監、經理，不然就是身上不帶一絲尿布味的創業媽咪。

她們的另一半同樣有令人稱羨的頭銜：矽谷市值最高FAANG公司（Facebook, Apple, Amazon, Netflix, Google）的主管、進行神祕專案的軟體工程師、已獲C輪投資的連續創業家、出了三本書的天使投資人。

聚會的聊天話題繞著股票行情、投資買房，和如何節稅打轉，如何把小孩送有名的托嬰機構，放假去夏威夷哪個島度假也是熱門話題。我只想找人問：「哪家超市買菜比較划算？」「可以推薦好用的求職網站嗎？」

頓時，我發現自己掉入一個「人生勝利組」的部落裡。

在這天堂島之中，我顯得既不高科技，說話也不夠得體。矽谷因產業結構和強大吸金體質，外移和移民人口占比頗高，其中不少人跟我一樣是留學生。矽谷夾雜令我又愛又困惑的元素，這群科技金童、天之驕子（女）的生活令我著迷，但我很快發現，事情並不如表面的簡單。在這座荊棘叢林中，他們如何站穩腳跟往上爬？

我好奇在矽谷諸多傳說的背後，它的真實樣貌為何？在這座充滿金錢與權力的叢林，有各種部落儀式和特殊文化，我想理解它們從何而來？這些金字塔頂尖的菁英們，在追尋「矽谷夢」的過程中，經歷了什麼？是否跟我一樣在文化衝擊下，勇於試錯，幾番掙扎差點投降之際、重拾勇氣，以自己的步調逐漸找到在世界的位置？

眼前看到的只是冰山的尖角，我希望打破冰層潛到底下，感受底層的冷冽！儘管一開始混濁難以看清，我也想勾勒冰山的完整樣貌。那些我們努力呈現在外人面前之外的，是更吸引我的世界：看清自己是誰，並窺見人性的美麗與哀愁。

人類是群居的動物，我一開始的目標是融入矽谷、找

到一份工作。我跟P在美國沒有家人，身為外來客，為了在矽谷立足，我勢必得找到我的小圈圈和發聲的渠道。

幾年來我歷練不同的工作，規模橫跨新創公司、台商，到幾千人的科技巨頭。一遍遍演練英文簡報、模擬主管和客戶的問題，在績效考核前啃指甲無法入眠，是我初入矽谷職場的畫面。浮浮沈沈，總算在一家跨國科技公司的業務單位安頓下來。

生存的問題解決之後，我對矽谷的疑問再次浮上心頭。帶著對人和世界強烈的好奇心，工作之餘，我透過寫作、旅行和採訪，去理解矽谷的特殊文化與各種儀式。我成立「矽谷Bonjour」部落格和podcast「你Ker這樣說」，文字作品陸續在海內外的媒體專欄刊登，節目獲得好評、打進排行榜，並有幸出了旅遊書，接到演講和商業合作的機會，開啟意料之外的斜槓人生。

當我漸漸找到我的圈子，也和P也在矽谷買了房子之後，我面臨一個無解的難題——不孕。試管嬰兒是一場血淚交織的馬拉松戰，我毅然調整工作性質，辭去需出差的業務工作，意外成為全球市值最高科技公司的約聘人員，日子在公司和不孕專科之間穿梭著。

近身和世界最聰明的一群人工作交手，我開拓了視

野，習得頂尖公司的做事哲學，一窺矽谷科技巨擘的真實樣貌。我發現科技巨頭的「水」不比新創圈淺，世界移民想盡辦法擠進來、往上爬，拚命證明自己。我不禁思索，我和他們在這座佈滿機會、金錢和權力的現代叢林之中，轉身離開後，究竟留下了什麼？

後來我跳槽到某知名網路社群公司，持續研究矽谷。白天我在科技帝國賣力工作，傾全力達成組織傳達的任務，我像是一個埋伏在戰場的臥底，試圖打入他們但保持警覺，我不斷裝備自己提高戰鬥力，以回答我心中埋藏已久的疑問。

即使我具備了嫻熟的語言溝通能力，在矽谷職場站穩腳跟，我始終覺得自己像一個觀察者。回想我的生命軌跡，從台灣輾轉來到德州和矽谷，文化的衝擊、不確定的歸屬感一直伴隨著我，我從來不屬於任何我身處其中的文化。我選擇傾聽心底的呼喚，學習跟文化衝突和內在衝突共處，亦步亦趨在矽谷摸索出自己的道路。沒有勢必要融入的包袱，給予我情感上安全的留白距離，讓好奇心牽引著我，觀察、體驗並包容和我不一樣的人事物。

正如《脆弱的力量》作者布芮尼‧布朗（Brené Brown）所說：「歸屬感不是壓抑真心融入群體才能擁有的感受。

要得到真正的歸屬感，你不需要改變自己，而是要做自己。」唯有找到屬於自己的聲音、身分認同和自信，才能和我們的群落建立有意義的連結。

這本書試圖解鎖矽谷種種現實背後的真相，以及「美國夢」及「矽谷夢」給我的種種啓示。書中講的是矽谷，卻也不只是矽谷，我相信你能在其中找到自己的一小部分故事。我們都走在漫長的回家之路上，希望這本書能提供你一點養分，因爲這些故事，讓我成爲一個更溫柔而勇敢的自己。

書中的故事純粹是我的個人經驗與觀察，無法代表整個矽谷的發展狀況。無論我在矽谷經歷了什麼，矽谷始終在我的心中扎了根。矽谷給了我靈魂的座標，做夢的勇氣，讓我有機會看到世界，從看世界的過程，認識挖掘真正的自己。

文化探索是過程，是動詞，你的旅程一定是獨一無二的！在這趟充滿未知和驚喜的旅途中，願我們打開雷達、接受差異，坦承內心的感受，擁抱脆弱和不完美，創造更多與自己和世界真實的連結。

目錄

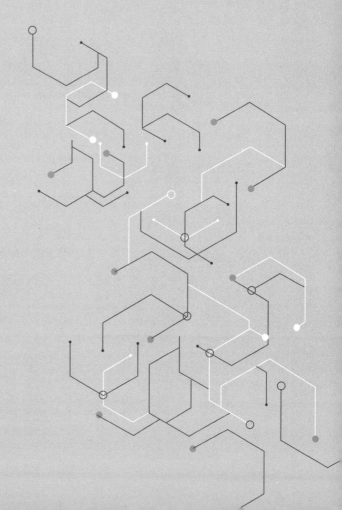

PART 1

解密矽谷叢林
企業傳說

00.
狂熱年代2.0

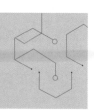

　　我在2014年獨角獸[1]崛起的年代搬到矽谷，那是一個新時代的開端。美國剛從近一世紀最慘烈的金融海嘯谷底爬出來，矽谷扮演這一波復興經濟的領頭羊。

　　谷歌、臉書、領英、推特這些網路公司紛紛竄起。CNBC財經節目主持人吉姆‧克瑞莫（Jim Cramer），甚至創造了一個科技股的時髦術語FANG——指的是過去幾年最熱門、市值規模巨大的科技巨擘Facebook、Amazon、Netflix和Google。

什麼都可以顛覆

　　那是一個充滿希望、人心浮動的年代，人人在講「破壞」、「顛覆」、「擴張」和「成長駭客[2]」。

　　手機app開始入侵生活跟工作的每個層面，你能想到所有需要和不需要的東西，都有一群人在戮力研發，準備

1　估值十億美元以上的初創企業。
2　成長駭客（Growth Hacking）是矽谷推崇的一套企業成長的手段，就是在預算有限的情況下，使用創意、批判性思考和數據思維，達到產品或銷售的快速成長，常被用於新創公司。

改寫原有的產業與商業模式：托嬰、理髮、KTV、居家烹飪、遛狗……，族繁不及備載。比方說，有個app專門讓你和各種殭屍進行變臉互動，但殭屍吐血的畫面把一歲嬰兒弄哭了。一個以低於市價，依用戶時間上門到府鋤草的app，「顛覆」了中年墨西哥男子穩固的園丁事業。

那也是大數據風起雲湧的年代，一切都開始數據化，包括醫學、農業、教育、交通、金融到旅遊等產業，大數據全面影響著企業與個人。企業將大數據視為獲利武器，他們運用大數據洞悉市場趨勢、消費者行為，發現另類商機，並精準投放廣告。谷歌知道你在搜尋什麼，亞馬遜知道你買了什麼，臉書知道你的社交圈有誰，Netflix知道你看了什麼影集，矽谷的企業漸漸變得比你更了解你自己。

不久前，臉書以上億美元的估值上市，創下史上規模最大IPO（首次公開募股）。創辦人祖克柏穿著招牌連帽衫，在矽谷隔空敲響華爾街開盤的鐘聲，也拉開了社群成癮時代的序幕，他說：「繼續專注，不斷前行！」

網路進入「社交」時代，推特（Twitter）和領英（Linkedin）也剛上市，所有東西開始放上雲端，人工智慧、共享經濟正夯，我們用Uber叫陌生人的車、在Airbnb上訂房住進陌生人的公寓，然後問Siri今天天氣如何。電

車、自駕車和虛擬實境成為不可擋的未來趨勢。連藍瓶咖啡也募到兩千萬美金資金，收起農夫市場攤子，在高檔購物商場展店，並準備大舉「擴張」、進攻國際市場。

矽谷灣區新奇古怪的事物不斷竄出，我們開始上空中瑜伽、吃冒著煙的液態氮冰淇淋、躺進漂浮艙裡催眠自己，在群眾募資平台Kickstarter買能降低壓力荷爾蒙的重力毯，或是有藍牙喇叭的智能冰箱……。一片五美元的花生醬厚片吐司和冷萃咖啡，忽然蔚為風潮，而有垂掛吊燈、裸磚牆的工業風咖啡廳，取代了街角的雜貨店。

第二次網路泡沫？

那是一個資金過剩的年代，每個人都想發掘下一家臉書，或進入下一間獨角獸工作。所謂的獨角獸，是指估計市值達到美金十億美元的新創公司，很難想像，光是2015年底，據創投界估計，全美就有將近一百隻的獨角獸。

有人說眼前的景況，跟兩千年初的網路泡沫很像。實際上，這一波科技熱背後有大環境的因子推波助瀾。簡單來說，美國央行在2008年金融風暴後，推行量化寬鬆政策，不斷印鈔票，造成股市榮景。而2012年歐巴馬簽署新創企業推動（JOBS）法案，開放投資散戶對私人公司的

投資管制，改寫了融資的遊戲規則。

換句話說，原先新創企業只能向有認證的天使投資人募資，法案一通過，只要是想投資和有閒錢的人，比方說你的阿公阿嬤、國中同學和你自己，只要成年，就能參與股權集資。外加矽谷科技公司的大佬，動用三寸不爛之舌和強大人脈，跟政府大力遊說，因此資金瘋狂湧入創業投資，熱錢氾濫造成許多私人新創估值暴漲。

懷抱冒險精神的創業者跟MBA畢業生，紛紛棄華爾街到矽谷，睡在朋友家的沙發、參加networking，夢想在車庫創業致富，成為下一個賈伯斯或祖克柏。史丹佛大學附近的Coupa咖啡廳經常一位難求，年輕人口沫橫飛地討論創業計畫，埋首筆電寫程式，或開著投影片向投資人提案。舊金山市區的Galvanize，七層樓的共同工作空間，九成以上被新創企業進駐。

當時有個笑話，大學輟學生只要有個半成熟的點子，到史丹佛前的大學街上一pitch（提案），隔天就有創投公司願意撒錢給你。2015年的前三季，矽谷灣區的創投投資金額就達到一百四十五億美元，創下十年來的高峰。

科技淘金潮

那是一個創業者醉心於融資與擴張，白領階級醉心於股票期權和跳槽的年代。金錢和機會總是相輔相成的，所有叫得出和叫不出名字的企業，都在砸重金瘋狂爭搶人才，造就新一波的科技淘金潮。矽谷和舊金山的房價不斷飆漲，投資移民湧入，帶著大把的現鈔買房，房子平均不到七天就成交。

每個月，我都有朋友從外州或其他國家搬進矽谷，住進科技公司安排的住處，那種附全套傢俱、有健身房和游泳池的公寓。公司連搬家費、手機費和網路費都包下了，還提供數十萬美元的簽約獎金。憑藉公司股票的水漲船高，只要沒有學貸、理財得宜，幸運的工程師往往能在幾年內，開始置產投資。

我同事的堂弟甚至從MIT休學，從東岸搬來矽谷，睡在他們家的沙發，他申請了矽谷創投家彼得‧提爾（Peter Thiel）的「20 Under 20」獎學金[3]，準備研發一款相簿整理app，號稱能自動辨識手機裡重複的照片，快速刪除不需要的照片。

有的理工系留學生畢了業，乾脆直接把家當扔車廂，開著車直奔矽谷，三個月便找到願意辦工作簽證的公司。

---

[3] 專為20歲以下的年輕人設計的創業獎學金，由PayPal共同創辦人彼得‧提爾（Peter Thiel）於2011年創辦，前提是受獎者必須輟學。

有能力和野心的工程師，不愁沒有好的工作機會上門，沒人再提職場忠誠度，每一到兩年跳槽成爲常態。他們在匿名職場社群Blind上曬出薪酬包，議論各家公司的職等和股票分紅，煩惱要去年薪四十五萬美元的谷歌，或四十萬美元的臉書（滿三年再加碼價值二十五萬的股權）。

　　至於我？我因老公的工作搬來矽谷，最初想在廣告老本行謀出路，卻展開我始料未及的第一份工作。

01. 矽谷叢林臥底故事一：TuneIn
我是文組女生，我進了矽谷新創

　　星期五下午，我闔上電腦，剛收到一封軟體公司的拒絕信。忽然，手機鈴聲響起，劃破寂靜的午後。

　　「Nicolle，告訴你一個好消息，我們決定聘用你加入TuneIn的內容團隊，一起顛覆網路廣播的世界！」男子在電話那一頭興奮祝賀我，我卻懷疑是不是詐騙電話。

你有數據分析執照嗎？

　　四個月前，我剛搬到矽谷。一個台灣文科女生在矽谷找工作談何容易，我沒有理工背景，過去的工作經驗都在廣告媒體業，實在沒把握在矽谷能找到什麼像樣的工作。

　　求職網站清一色都是軟體工程師、產品經理、數據分析師等職缺，以及一堆我看不懂的專業術語。就算是行銷工作，也要求必須懂產品開發、數據工程，最好會寫程式、懂財務，我心想這簡直是找全才吧。

　　我的心願很渺小──儘速擺脫在家當米蟲的日子，我渴望透過新工作，與矽谷接軌，找到我的價值。因為壓

力，我已胖了五公斤。

面試過無數的工作，總在最後一關被刷掉，好心一點的面試官提醒我：「建議你去拿個數據分析或程式語言證照！」我看到《商業內幕》訪問矽谷創投大佬馬克·安德森（Marc Andreessen），他說：「文學院的文憑到頭來只能去鞋店賣鞋。」並建議大家最好去念工程或經濟相關的科系。看來我的文學碩士（Master of Arts）學位在矽谷似乎一文不值。當時我搞不清楚，在矽谷即便非工程領域的職位，主管仍期許雇用的人對這一塊有所涉獵，或至少表現出興趣。

收到數不清的拒絕信，就在我快要來查數據分析的課程時，我總算拿到兩份工作：一份是在天然有機化妝品公司做網路行銷，另一份是在當時矽谷最火的一間新創公司TuneIn當內容編輯。

若想延續過去的廣告行銷專業，應該去化妝品公司吧，而且我對彩妝業一向有興趣。據說矽谷新創圈由白人男性和程式設計師主導，我是科技白痴，又是外國人，我能適應新創的企業文化，並找到我的利基嗎？再說，TuneIn的職稱只是「編輯」，面子上來說也不夠稱頭。

但最後，我選擇了TuneIn。

線性vs.體驗式的職涯

為什麼最後選擇和自己興趣和職涯發展相去甚遠的TuneIn？簡單來說，是因為我「好奇心」太重。我想在有限的人生，儘可能體驗不同的工作和生活型態。

學業、職場一路走來，我在選擇科系或工作時，一向不太在乎「線性發展」，而是由「好奇心」驅動、牽引著我。我問自己，這個科系或工作，能否滿足我當下的好奇心，並創造我想要的生活體驗？

工作的產業和模式，形塑了生活的樣貌，我認為生活經驗比工作的內容更重要。所以當初大學畢業後，在台北有穩定的廣告AE和電台主持人工作，我卻選擇出國念書──我好奇在地球另一端的人，怎樣吃飯、工作和思考。我想在陌生的國度，在截然不同的文化，去體驗另一種生活方式，發掘與認識另一個自己。

也因此，德州大學廣告研究所畢業時，我遇上百年難得一見的金融海嘯，為了想嘗試在美國工作，我每天投出數十封履歷，瘋狂找朋友練習面試、做networking、加強專業技能。但拒絕信像垃圾郵件，每天按時送達。

走投無路之際，我心想「死馬當活馬醫」，主動向實

習的網路廣告公司CEO，提出一份商業企劃建議書，想不到為我創造了在美國的第一份工作！當時雖賠本上班、工作繁瑣（包括資料輸入和cold call），但讓我學到職場基本功：市場調查、找客戶、寫文案、提案談判、搜尋引擎優化，這些技能在每個產業和工作都派得上用場。

當我達成階段性任務，被拔擢為部門經理時，卻開始覺得在美國的工作有點無趣，按照社會期待，我應該繼續待下來，累積產業經驗，晉升到更高階層的位置，或跳槽到美國一線公司。

但當時的我，已見識到美國數位行銷的精華，已知道在美國工作是怎樣的狀況，換句話說，我對眼前的生活感到膩了。因此我決定回台灣，接下某跨國科技公司全球品牌行銷的職務，負責公司最大的產品線顯示器，這是我從未接觸過的產業。我想知道我在美國累積的專業，若運用到別的產業和歐亞市場，能「玩」出什麼新花樣。

Take the Leap放手一搏

帶著同樣的動機，我選擇TuneIn，進入我不熟悉的新創圈。我想把自己丟進一個陌生的環境，讓自己在矽谷有個不一樣的開始。

而且TuneIn的工作，可以讓我見識矽谷最前沿的部分。

當時矽谷新創產業正夯，每隔幾天就有私人公司獲得鉅額募資，Uber當時的市值已超過四百億美元了。身邊朋友都在討論哪家新創最有潛力、公司估值、何時入職投報率最高。老實說，我對這個「美麗新世界」充滿好奇，我想了解新創圈的人到底在做什麼。

我不是沒遲疑過，在雲端運算新創公司的朋友說：「看不懂程式碼，你在軟體公司的學習曲線會很陡！」另一位做人資的朋友提醒：「女生是矽谷科技公司的少數民族，新創公司員工的平均年齡不到三十歲喔。」

但我想起研究所創意策略的教授Maria，畢業時送我的筆記本，上面寫著：「You got to take a leap of faith.」（不要想太多，放手一搏吧！）我想起2008年金融海嘯最嚴重時，大部分同學畢了業都決定回台灣工作，我不也是相信自己的直覺，放膽一試跟老闆提出商業企劃案，創造了在美國的第一份工作嗎？

現在我大老遠跑到宇宙的中心，當然要抓緊機會，見識矽谷，看看這群人怎樣顛覆與改寫這個時代的產業。

美國求職策略

　　走過在矽谷的求職彎路，我最終找到兩份正職工作，且薪資配套都很不錯。如果你目前是留學生或已工作幾年，想在美國謀職，以下策略供你參考。

　　1. **經營自己的LinkedIn**：美國的人資和獵頭公司每天會上LinkedIn找候選人，因此你的LinkedIn檔案是否夠專業吸睛，非常重要。無論是學生或工作多年的上班族，一定要勤於更新自己的LinkedIn，在姓名下方用一句話說出自己所在的產業、個人優勢。如果是學生，可以在名字下方放上你希望的職缺；如果是上班族，可以放上你所在產業的關鍵字，和過去待過的公司（如果是big name的話）。LinkedIn的檔案不是自己寫開心的，必須仔細調查你想找的產業和職缺會用的關鍵字，以矽谷行銷領域為例，我會在個人工作經驗中，適時放入「Go-to-market Strategy、Product Marketing、Digital Marketing、Project Management」這些關鍵字。

　　2. **台灣青商會、工商會**：很多人去參加台灣青商會時，只顧著吃家鄉美食，忘了觀察周遭有哪些「大咖」。其實，許多僑胞在海外建立的台灣青商會、工商會，裡面臥虎藏龍，有在美國各領域的傑出工作者，他們往往是長輩，比較有距離感，但在業界有人脈與影響力，對事物有獨到見解，這群人才是你真正有用的人派。美國是資本主

義社會，也講究關係，因此別再害羞，選擇與貴人密切來往，有意識地問對問題、拓展及深耕人脈，也許還沒畢業前，你就拿到工作offer了。

3. **積極參加學校辦的Career Fair（就業博覽會）**：但不只是去發履歷，而是去了解這個產業有哪些公司，這些公司當中的哪些職缺跟你的興趣和專長吻合。以及積極去認識你有興趣的產業中的貴人。通常就業博覽會的工作人員，很有可能是你學校畢業的學長姐，或是這個產業的老鳥，不妨跟對方交流，讓他對你留下印象，並留下對方的聯絡資訊，詢問他：「我對這個產業很好奇，想多了解，有機會之後寫信給你請教討論嗎？」要認清，來就業博覽會的目的不是立馬找到一份工作，而是建立人脈。找到可能的關鍵貴人後，後續就得透過「問對的問題」和持續保持聯絡，給予貴人可能的幫助和資源，來建立長久的關係。

4. **教授推薦**：這一招當年我實在太害羞，雖然每週都會和教授約office hour，但我沒有詢問職涯發展的問題，反觀我的美國同學非常積極，他們事先釐清自己想從事的產業和方向，再問相關領域的教授。例如：「我希望到科技公司做行銷，但學校求職網看到的幾乎都是廣告和公關公司的職缺，我有什麼方法可以接觸到這個產業嗎？」如果你在課堂上表現得還ok（不用全A，只要不被當掉），老美教授一般都還蠻親民的，願意幫你寫推薦信、介紹你認識學長姐，或幫你留意相關產業的工作機會。

5. **求職網**：包括學校內網和Glassdoor、Indeed、Monster等各大求職網，就像是台灣的104，以我個人經驗要透過這管道找到工作，一定要勤勞一點，至少要投遞幾十封甚至上百封的履歷，才有機會拿到面試的機會。

6. **參加其他學院的就業博覽會**：商學院的就業資源網絡通常最完整，我當時在德州大學念研究所時，第一份實習工作，是透過參加MBA和某科技大廠協辦的就業座談會得來的。若你是電機系的，不妨參加其他工程學院的座談會，相信都會有意外的收穫。

02. / 創業者的麥加

那天，我到TuneIn總部面試。

TuneIn當時的辦公室，位於矽谷新創圈的黃金地段——帕拉阿圖（Palo Alto）的大學街，谷歌、臉書、PayPal的第一間辦公室就在這條街上，史丹佛大學和風投公司雲集的沙山路在不遠處，所有當紅的科技新創公司Pinterest、Shazam、Houzz、Palantir也聚集於此。

創投圈的朋友說TuneIn很有潛力，剛從紅杉資本[4]拿到4700萬美資金，公司正快速成長、瘋狂招募新人。新執行長是遊戲業老手，據說他之前的公司成功賣給迪士尼，財務長則是從谷歌挖來的。TuneIn做的是線上廣播串流媒體服務，這想法在當時很新穎，顛覆了傳統聽廣播的方式，透過TuneIn的app、網站或汽車應用平台，就可以隨時隨地免費收聽廣播節目。

當時音頻串流服務市場一片看好，Pandora成功上市，Spotify在美國上線。TuneIn的全球用戶多達六十萬，被媒體譽為是網路廣播串流的當紅炸子雞。他們的app結

---

4 紅杉資本（Sequoia Capital）是全球規模最大的創投公司之一，曾投資蘋果、谷歌、YouTube、甲骨文、思科等知名科技公司。

合個人化、社群分享功能，支援十二國語言，號稱匯集超過十萬個電台，包括新聞、體育、音樂和播客節目。

白板現場解題

TuneIn的辦公室有如一間翻新的時髦舊倉庫，外露的管線、拋光的水泥地板，寬敞開放的空間，連角落的員工在挖鼻孔都看得一清二楚。接待處放了幾把新穎、符合人體工學的皮椅，聽說這是矽谷時下最流行的Loft工業風辦公室。

十幾名員工在另一側的開放室辦公區工作，看起來都二十出頭。牆上貼著ESPN和紐奧良爵士音樂祭的海報，有些人的桌面架高，雙腳岔開站著，有三隻狗在走廊嬉戲。我後來才知道升降桌和狗是矽谷科技公司的標配。廚房堆滿各種零食，一整排的堅果點心、能量棒、有機薯片，冰箱裡塞滿冷壓果汁、啤酒和紅牛飲料。

工作氣氛顯得歡樂輕鬆，我心想在這工作簡直棒呆了！

我身穿淡紫色襯衫和卡其褲，腳踩低跟鞋，這是我衣櫥裡最不正式的面試套裝。幾個穿帽T、牛仔褲配球鞋的員工在休息區聊天，我這身穿著，像前來巡查的教官，跟

新創公司的氛圍極不搭嘎。

　　我被帶到一個透明玻璃會議室，兩位面試官不到三十歲，都是史丹佛大學畢業的。他們就像你在雜誌上看到，年輕成功創業家的形象：眼神堅定，嘴角上揚，永遠精神飽滿。

　　「你現在收聽什麼廣播節目？」褐色鬈髮、喝著康普茶的男面試官L微笑問我。我之前曾在台灣和德州的電台工作四年多，也是重度廣播使用者，第一題我應答如流。

　　L說TuneIn正大舉開展海外市場，我面試的職位是「內容編輯」，負責TuneIn中文版的網站和app的內容，他們在找一位有廣播和網路媒體經驗、中英文流利，能掌握華語廣播市場的話題脈動，最好懂程式語言HTML, xml, javascript、注重細節，並且具有熱情和創意的細節控。

　　因為是新創公司，必須身兼數職，除了編輯翻譯，策劃洽談電台合作案，和頻道主編、內容運營和數據部門，開發適合中文市場的變現模式，還有吃重的軟體測試，協助工程師優化使用者經驗。

　　另一位戴細框眼鏡的面試官S接著問：「你手機裡有

幾個應用程式app？」我有點心虛，我手機唯一的app是Instagram，還是朋友安裝的。我故作輕鬆回答：「有兩個，面試前特別下載了TuneIn的app。」接著我侃侃而談app的試用心得，秀幾個我發現的小bug，和改善使用者體驗的觀察。

S面不改色繼續問：「你對廣播串流服務app的商業模式有什麼了解？」

我心想暖場題結束，好戲終於上場。在矽谷，知名科技龍頭和新創公司一般會將案例分析（Case Interview）納入面試環節，藉此測試求職者的邏輯分析和表達能力。和科技巨頭相比，新創公司比較沒固定的考古題，求職者得針對產業結構、趨勢，和公司遇到的痛點，自行模擬面試問題。

矽谷新創企業追求從零到一的指數級成長，才能持續募得資金以求上市或被併購。準備面試時，我看出TuneIn目前主要收入來源是廣告，公司最大的挑戰，在於缺乏穩定的盈利模式，app吸引了大量的用戶，卻沒有轉換成金流。

我在會議室的白板，畫出傳統廣播和網路廣播串流媒體的產業鍊，順勢對華語網路廣播市場的現況和趨勢做了

分析，點出市場的缺口。接著我以音樂串流龍頭Pandora和台灣的KKBOX為例，分析了三種可行的商業模式：免費增值模式[5]、異業結盟產製內容，以及利用併購加速規模擴大。當我提到「免費增值」和「內容變現」時，我注意到他們身體前傾，眼神更為專注。

我手心冒汗，但我猜我的回答應該算令他們滿意。L對我說，免費增值和結合大數據發展新的變現模式，是整個產業達到「成長駭客」勢在必行的一條路。他眼神發亮，亢奮地說著：「TuneIn讓聽廣播變得時髦、有趣，我們的app為用戶快速找到他們想聽的音樂，這是傳統廣播做不到的。我們正在改寫這個時代的收聽行為，公司所有的人都為這個使命感到瘋狂！」

會議最後，S問我兩週後能否來上班，送我走到電梯門口，跟我握手：「一起顛覆廣播的未來吧！」我沒想到這麼快放榜，腦中一片空白，竟然回答：「I'm ready to Rock！（我準備好大展身手）」

下一間獨角獸？

不可置信，我即將成為矽谷新創科技公司的一員！這兩年來，TuneIn連續從紅杉、Google創投等頂級風投公

5　初期以免費方式提供用戶服務但附加廣告，等到用戶已逐漸熟悉系統，再推出無廣告限制的版本酌收費用。

司，拿到一大筆錢，正在朝IPO全速前進，執行長宣布明年員工數將擴增兩倍。我腦中不禁幻想，或許我歪打正著，進入下一間獨角獸。

我一度認為這份工作是為我量身訂做的。工作地點彈性，工作時需收聽大量的廣播節目，簡直是一大福音。此外，公司被評為矽谷Work-Life Balance最佳的公司之一，還有無上限的休假、免費外匯午餐、健身房補助，甚至連寵物醫療保險都有。

面試官和未來同事的身上，散發一股魅力，一種正在創造並掌握未來的權利感。一部分的我心想廣播的未來就在那裡，我想加入他們。

我只有一個疑慮，他們口口聲聲要改寫的產業，是我過去所屬的廣播業，我不確定老同事知道我即將加入一間要「顛覆」他們的新創公司，會有什麼反應。還有，L提及整個產業運用大數據和訂閱制度，達到急速增長的目的，是否同時「顛覆」了使用者的隱私權，以及內容夥伴和音樂工作者的權益？

03. 歡迎來到矽谷新創樂園

　　如果這是一齣美國職場劇，主角是三十一歲女生、零技術背景的矽谷菜鳥，連手機作業系統都分不清楚的科技白痴。要跟一群二十幾歲史丹佛畢業的小夥子，顛覆老態龍鍾的廣播業。

　　這個人就是我。

在卡拉OK上班

　　第一天上班，我套上連帽T恤、綁馬尾。畢竟，我要去一家年僅十二歲、尚未成年的公司，跟一群平均年齡比小我五歲的年輕人共事。

　　我不確定是否能顛覆廣播業，但TuneIn顛覆了我對「辦公室」的認知。

　　上午十點，電子舞曲在辦公室蕩漾，空氣中飄著咖啡香。戴著螢光綠、印有TuneIn標誌大耳機的同事，對著螢幕擺動身體。手臂有刺青、穿著運動褲的白人女生，腳踩蛇板，拿著筆電，從我眼前呼嘯而過。頂著爆炸頭的高瘦

男子，嘴裡哼著rap，牽著一隻法鬥犬走進辦公室。

我感覺自己闖入升級版的大學生卡拉OK聚會。

訓練我的Vincent是內容營運部的組長，德裔美國人，二十六歲，也是史丹佛畢業的，他有一頭濃密的淡棕色頭髮，說話鏗鏘有力，穿得彷彿隨時要去露營一般：防風外套、澳洲靴。我跟著Vincent參觀辦公室，休息室的兩位同事正在打乒乓球，討論著我聽不懂的程式語言問題。

「Yes！進球了。」忽然有人高喊。「他是體育頻道主編Nelson，也是籃球迷。噢，工作時我們習慣用TuneIn app聽廣播。」Vincent看我眼睛瞪得老大，一副被嚇到的表情，馬上跟我解釋。

同事中有許多人是玩音樂的、DJ和運動迷。他們在公司群組聊天室的個人簡介，分享透過TuneIn正在收聽的電台頻道。禮拜五Happy Hour時，辦公室變成俱樂部，我們吃BBQ、喝精釀啤酒，圍繞在共享長桌看NFL美式足球賽。主持人宣布Open Mic開始時，氣氛嗨到最高點，同事輪流播放電台歌單，曲風從流行搖滾、節奏藍調、雷鬼到浩室舞曲都有，所有人拿著酒精飲料，跟著音樂搖頭晃腦。

據說，矽谷許多新創公司的上班氛圍就像TuneIn，我自己也蠻享受這種活潑的氣氛。難怪新創公司能吸引那麼多大學剛畢業，或根本沒畢業的人一股腦加入。

開放式辦公的精髓

原本我擔心會是團隊少數的女性和外國人，好在內容團隊的成員背景多元，除了精通英文還會第二外語，我放心了不少。坐我隔壁的西班牙語編輯Lydia，加入公司一年，小麥色皮膚，小我四歲，她的個性熱情開朗，我們很快就成為朋友。

開放式辦公的概念對我來說很新奇，以前我在台灣和德州的辦公室，都有高高的隔板。谷歌和臉書率先引領這股風潮，之後矽谷和全球的科技公司一窩蜂跟進，開放式辦公室的本意，是打破社交障礙，鼓勵團隊之間更緊密的合作。

入職一個月後，我慢慢習慣四面八方隨時有人經過我的辦公桌。為了不受打擾，有時我躲進會議室，窩在角落的懶人沙發，戴上降噪耳機，確保目光不斜視。因為若剛好跟同事目光相接，免不了寒暄打屁。新創公司的步調，比我以前從事的廣告業還快，我需要全神貫注、盡快上手。

在這看似充滿「人性」的工作空間中，每個人目不轉睛盯著螢幕，把自己藏在大耳機播放的音樂中。這些人像戴著耳機的蠶蛹，窩在四方形的狹小辦公桌。少了隔板，但同事間為避免彼此干擾，互動反而少了。開放式辦公室的設計，處處透著矛盾——開放自由但不溝通，看似慵懶卻又充滿幹勁。

自學程式語言

從Vincent口中，我了解我的工作涉及「語言在地化」（Localization）[6]的專業。簡而言之，就是將TuneIn網站和app的介面由英文翻譯成中文，並調整為適合台灣人習慣及文化的過程。

在科技公司上班但毫無技術背景，簡直就是鴨子聽雷。我很快掌握內容編輯和技術文件翻譯的訣竅，但軟體測試卻令我抓狂。

新創公司的軟體測試，講求快、狠、準。工程師一發布新版本的app，我得立即在蘋果和安卓的手機、電腦、平板電腦上測試，回報介面和語言上的bug。換句話說，我必須精通產品操作，可是我連基本手機網路設定都不會，要怎麼跟工程師溝通？

6　當一款軟體或遊戲發展到一定規模，要進軍國際市場時，需聘請專業人才將一個國家、地域的產品進行翻譯和調整，使產品與當地市場、文化和環境融為一體，並符合當地國家人的語言使用規範。

我一開始發的錯誤報告（bug report），用字遣詞一看就是外行人，行文的邏輯也不夠縝密，好幾次被工程師退回，要我重寫。

　　為了縮短學習曲線，我成為TuneIn app的愛用者、讀大量UX（使用者體驗）和QA品管的書籍、上網自學初階程式語言（html、JavaScript）。我觀摩工程師如何寫錯誤報告，模仿學習他們報告的架構和專業術語，我一次又一次練習，被打槍就重寫，繞個路換個方式寫，那段時間我做夢都夢到自己在寫錯誤報告。

　　我也主動要求去旁聽開發小組的每日站會（Daily Standup）和檢視會議（Sprint Review），讓自己沈浸在工程師的世界之中，盡快熟悉他們的語言。

　　新創公司沒有標準作業流程，於是，我和同事腦力激盪規劃測試腳本，模擬所有可能的用戶操作方式，建立自動化的測試流程。晚上我自願加班，越洋電話訪問人在台灣的用戶，觀察他們怎麼使用app。兩個月後，我漸漸掌握基本的程式開發語言，除了能即時發現UI和UX上的問題，在工程師問我Why之前，就把具體的使用情境整理好，並提出可行的參考解決方案。

　　累是累，但這份工作培養了我在矽谷職場的基本功：

QA軟體測試、了解程式語言、語言在地化、技術文件翻譯、溝通說服。這些技能不但在矽谷，在全世界的科技產業都能派上用場，我有幸在矽谷的第一份工作就學到。

接受不完美，Keep Shipping

新創公司帶給我最寶貴的一課是——勇於犯錯，在錯誤中快速成長。

當時TuneIn的app雖然在市場上推出已久，但有許多瑕疵。我跟同事Lydia都有強迫症，受不了介面上有任何一個功能無法順利操作。我們發現某些電台的「追蹤」按鈕有問題，這是一個很基本的功能，讓聽眾追蹤喜愛的電台。此外，繁中網頁不支援基礎的搜尋功能，我發了許多次的錯誤報告，但顯然沒有受到工程團隊的重視。

這個有明顯bug的版本還是上線了。

「這樣不會太冒險了嗎？為何不把產品修到完美無誤再上線？」我心中狐疑。

「用戶使用後不滿，在App Store留下負評，不會有損品牌形象嗎？」Lydia詢問公司唯一的女程式設計師Taylor。

「沒有完美這種事，We got to keep shipping！（持

續發布。）」Taylor一副沒什麼大不了的表情回答我們：「盡快讓產品進入市場，才能搜集用戶的回饋，即時調整改善。」

Taylor進一步闡述，在矽谷，一個新產品從概念成形到上市，是一條燒錢的漫漫長路。新創公司若悶著頭，循序漸進把產品做到符合心中的完美，推到市場後，才發現根本沒人要，或產品已經過時了，那就是白白浪費了時間和資源。反應好就繼續優化，反應不佳就適時放棄或pivot（改變方向）。

我後來知道，這就是矽谷**「敏捷開發」**（Agile Development）的精髓──**接受變化與不確定性，勇於測試和試錯，並在錯誤中迅速成長**。有別於傳統瀑布式的產品開發，敏捷開發利用較短的開發流程循環，即時從使用者的回饋做改善，讓產品更貼近消費者的需求，這個方法常被應用在新服務或新產品的設計上。

這讓我想到，人生不也是如此嗎？

我過去受的亞洲式教育告訴我，「機會是留給準備好的人！」要規劃好一個長遠的目標，做好萬全準備，按部就班地去實現它。但我時常懷疑，什麼時候才算是真正的準備好？

我加入TuneIn時就沒準備好，沒有任何翻譯和軟體測試的背景，就決定捲起袖子做下去，抱著「探索」的心態，一路犯錯、調整自己，缺什麼就補什麼。雖然一路跌跌撞撞，如今也能夠和工程師溝通無礙，甚至協助建立了測試流程。

我認為矽谷軟體開發的精髓「Keep Shipping、勇於犯錯」，也可以成為人生經營的策略。如果把人生當作產品開發，自己就是這項產品，採取「測試」模式經營人生，容許在推出成品前，試驗不同的功能、探索多樣的可能，適時依環境的變動和回饋，調整與精進自己。相信在人生開發的這趟旅程上，能收穫更多意料之外的風景。

但同時，我發現很多地方，這家公司展現出一種我前所未見的激情，就像剛進入青春期的少年：橫衝直撞、充滿憧憬，卻不太知道自己的方向和路徑，公司融資了好多輪，但在增長機會方面仍處於摸索階段。如何透過內容方案來維持用戶和營收的增長，是目前面臨的最大挑戰。

比方說，公司的產品藍圖（roadmap）不清晰，每個月的KPI目標改來改去，令人摸不著腦。我了解變動在新創公司是常態，但我急欲知道具體成長和變現模式的落地計畫，這部分跟公司高層在會議上說的，似乎相互矛盾。

04. 精神鴉片

　　我發現熱情樂觀、創新加速，和成長駭客，顯然是這家公司，或是整個新創圈的文化守則。這些字眼大刺刺地出現在新創公司的招聘廣告上，同事們也動不動把這些名詞掛在嘴上。

永遠樂觀好棒棒

　　公司的會議氣氛總是很嗨。執行長不斷提醒，公司正進入一個「令人興奮」的增長階段——我們能引領創新，定義下一代的聆聽體驗，是一件非常有影響力的事情。

　　產品長隨即附和：「我們永遠把用戶放在第一位，建立一個充滿熱情的成長駭客機制！」當時TuneIn的app是免費的，產品部正致力開發付費版，走訂閱制的TuneIn Premium，以建立穩定的賺錢模式。

　　若新用戶的增長幅度不如預期，執行長會精神喊話，「所有成功的新創公司都有一個共同點，他們從不放棄。失敗的新創公司也有一個共同點，就是他們放棄了。」說

完後，他會停頓一下，眼睛慢慢掃視會議室的每一個人。不知為何，每次執行長發表談話後，產品部的鬥志會急速沸騰，我們在蘋果App Store被客訴的bug，隔天馬上被修復。

會議上，我常以為身在宣教大會，「我們是為狂熱者工作的音頻狂熱者」、「相信我們會成功，就會成功！」各部門的首腦在部門會議、與員工一對一會議時，不厭其煩傳遞這些信仰價值。

每次和內容團隊的主管開會，總令我莫名地熱血沸騰，內容團隊的經理Luke有一次對我說：「很令人振奮吧，你在參與一場革命、一項運動，我們正在改變人類的收聽行為。」他一邊說，一邊喝著冷泡咖啡，「你不只推動一個創新的app走向全球化，你還是我們了解華語廣播世界的窗口。」他喝光最後一口咖啡，接著說：「相信有你在，華人app用戶的黏著度會加速成長。」

半數以上的員工，每天都穿著公司的T恤，把印有公司標誌的耳機掛在脖子上，連上廁所也不例外，彷彿是他們的勳章似的。公司雖不標榜加班，但許多人特別是產品和業務部的同事，一整天都掛在公司線上聊天室，二十四小時隨時待命。

我的同事們都是對產品極具熱情、積極又勤奮的人，我享受跟他們一起工作。只是，我對公司刻意塑造的「永遠樂觀積極」的企業文化，感到不太自在，或者說，有一些疑慮⋯⋯。

從海盜到海軍

比方說，公司對外宣稱app有「超過十萬個廣播電台任你聽」，但我跟其他語系的編輯測試時，發現很多是幽靈電台，我們反應了，但沒人在乎。我負責更新中文電台的目錄，我的任務是在網路上找到有效的台灣廣播電台的串流網址，把網址更新到我們的後台系統。如此一來，全世界的TuneIn用戶，便可透過我們的app，收聽到台灣電台的節目和音樂。

同事好心跟我說：「有個捷徑，你可以直接去中華電信HiNet的網站，複製上面所列的電台串流網址。」我遲疑了一下，這不會有侵權問題嗎？中華電信知情嗎？我過去在電台的工作經驗告訴我，這恐怕會觸及唱片公司的音樂版權。「我們有跟電台簽約，取得串流網址的授權嗎？我們有跟唱片公司取得音樂播放的版權嗎？」午餐時我忍不住問同事Vincent。

「你把我們想成是廣播電台的谷歌，用戶只是透過TuneIn的app連到每個電台的串流媒體，我們實際上是在推動整個廣播和音樂產業。」Vincent連眉毛都沒抬一下地跟我解釋。

我對這答案有疑慮，TuneIn當時沒有自己產製的音頻內容，而用戶不僅能透過app收聽電台，還可以按歌手和音樂類別搜尋，找到正在播放該歌曲的電台。換言之，TuneIn等於使用未經許可的電台串流媒體連結，對全世界廣播電台的內容進行策展。

我繼續執行上面交派的任務，但內心有個聲音冒出來：公司的app不就像是廣播電台的內容農場嗎？只是結合了大數據和個人化UI。這難道不是資本主義下，擅自挪用廣播公用資源的行為嗎？

我跟在Dropbox做產品經理的朋友Pete，談到我的顧慮。「新創公司幾乎都是先以海盜方式，在短時間做出來大量的內容，等商業機制建立之後，再變成海軍，走正規的道路。」Pete補充一句：「手機應用程式和網路服務一樣，都缺法律監管機制，科技巨頭可能比你更了解你自己。在你沒察覺之前，我們無時無刻都在傳遞個人資料、喜好和習慣給科技業者，這些資料被不斷搜集、重組與交

易，成爲科技巨頭賺錢的武器。」

我打了個冷顫，我知道TuneIn的營收仰賴廣告，前一天我在app追蹤了諾拉瓊斯，隔天它就推薦我收聽爵士電台。我不敢想下去：我的個資怎樣被網路公司搜集、販賣，再瞄準我自己，對我投放廣告，從我身上撈一筆。我想到歐威爾小說《一九八四》的警告：當科技成爲掌權者的工具，疏離了人性時，會發生什麼後果。

「公」程師Brogrammer

撇除心中的部分疑問，在TuneIn工作滿足了我見識矽谷最眞實的一面。

在新創企業工作，接觸的是最前沿、創新的科技，要顚覆的產業是我們生活的一部分，我覺得有一種參與革命，好像掌握未來的一部分。跟一群無比聰明，史丹佛等長春藤名校畢業的年輕人共事，讓我覺得自己彷彿在宇宙的中心工作，意識到自己有這種想法時，一部分的我又覺得不好意思。

我在TuneIn時經常跟新創圈的同業朋友聯絡，聽他們分享各種光怪陸離的故事。矽谷新創公司中有一個特殊族群——「公」程師（brogrammer），這個字是由美國兄

弟會綽號"bro"（兄弟）和"programmer"（程式設計師）兩個詞混合而成，用來諷刺矽谷「男性至上」的職場文化，他們清一色是白人男性，愛喝啤酒與開趴聚會。睾丸激素過剩之下，有的人甚至把「女生不懂得寫程式」這樣的話掛在嘴上，令女性員工感到被輕視。

性別歧視的案件在矽谷屢見不顯，又以新創公司為甚。2017年Uber員工蘇珊・福勒（Susan Fowler）在部落格揭露被主管性騷擾，以及公司內部嚴重的性別歧視，使得女性員工不斷離職。而交友app Tinder的創辦人惠特尼・沃爾芙・赫德（Whitney Wolfe Herd）也控告公司縱容性騷擾和性別歧視。谷歌的軟體工程師詹姆斯・達莫爾（James Damore），甚至因為寫了一份聲稱「女性天生就不如男性適合從事技術工作」的備忘錄，而遭公司解僱。

幸運的是，我在TuneIn沒碰到性別歧視，但Natalie是公司少數的女工程師，她時常跟我訴苦：「男工程師會一群人下班後去衝浪、喝酒，他們有自己的語言，我很難融入。」當時新創圈甚至流傳著一則笑話──「大衛法則」（David Rule），就是指一個團隊中，要確保女性員工的人數和名叫「大衛」的人一樣多，才算達到了性別平衡。

風雨欲來

幾個月後,公司宣布推出新的訂閱服務——TuneIn Premium,每月付7.99美元,就能收聽無廣告的新聞及音樂電台頻道,還支援錄音功能。發布會上,執行長用他一慣冷靜的口吻:「我們正式進入下一個成長駭客的新紀元,我們跟美國職業棒球大聯盟、英超聯賽簽訂協議,Premium用戶可以收聽現場直播報導。」

公司大肆慶祝,發新聞稿、開記者會,一個接一個慶祝活動上演著,公司廚房總有香檳、蛋糕和啤酒,各式主題派對輪番上陣。我卻開心不起來,我對這商業機制感到困惑,慶祝會上,我跟Lydia喝著啤酒,小聲討論公司急著上線這款產品,可能會帶來的衝擊。

手上的啤酒,好像給了Lydia一雙翅膀,業務部經理經過我們面前時,Lydia脫口而出:「開放用戶錄電台節目,不會有侵權問題嗎?」業務部經理表情僵硬,空氣瞬間凝結,我隨即把話題岔開。

弔詭的是,在發布會幾天前,公司的一名主管和工程師突然離職。慶祝會上,執行長和幾個與他熟稔的工程部同僚高聲慶祝,但同事私底下的閒聊,瀰漫著擔憂和恐懼的氣氛。

「上一筆融資的錢快燒光了，公司急需資金，Premium很多功能都不成熟，但卻得趕鴨子上架。」資深工程師Rick念叨著。

　　另一位運營部的同事：「產品的戰略和公司願景呈現精神分裂狀態，你早上在做的一個專案，到下午就被終止。簡直是前進兩步，後退四步。」

　　我不禁思考，公司刻意塑造積極樂觀的企業文化，和「讓世界更美好」的企業使命感，是否是種精神鴉片？執行長不斷掛在口中的願景，和我們實際在做的事情背道而馳。新創公司的薪資水平比大企業低，因此他們必須販賣企業文化，用一種使命感來吸引員工。從面試那一天起，我們就對公司「一起改寫廣播的未來」的使命感信以為真，並漸漸產生依賴感，用此麻醉自己。

　　一部分的我，還是想積極融入，我渴望擁有那種簡單的認同感，全心全意投入的歸屬感。但我的腦中不時飄出Taylor的話：「公司高層根本不懂廣播，也不懂技術，他們是嗜錢的商人。某位高層的家人是矽谷有名的VC（創業投資，venture capital）投資人，權力大到不行……。」

05. / 權力遊戲

你看過電影《征服情海》嗎？湯姆克魯斯飾演一個王牌運動明星經紀人，因為寫了一篇工作感言，希望公司能提升與客戶的關係，重於獲利。沒想到引起老闆不滿，遭公司開除。

TuneIn Premium發布會後的幾個月，類似的劇碼在公司上演著。

發布會隔天，我和Lydia共進午餐，「今天應該是我們在公司最後一次用餐，我被通知做到今天。」上司無預警要她當天走人，「我們觀察了你很久，覺得你並不適任這份工作。」但Lydia認為這跟前晚她「政治不正確」的發言有關，遣散過程鬆散，沒有離職面談，也沒有協商的機會。

雖是八月份盛夏，我卻寒毛直豎。Lydia跟我同部門，我擔心下一個被開除的就是我。

下班後，我們找了間酒吧，幫Lydia舉辦小型的歡送會。與其說是歡送會，更像吐槽大會；我們抱怨隨規模擴

大，公司越來越官僚化。我們談到產品決策不透明，取決於高層的個人喜好，多年來產品故障的問題（例如「搜尋」功能無法正常運作），從沒有具體的解決策略。

有些人議論發布會前某主管的離職，跟「文化融入」無關，視覺設計師一臉神祕地解釋：「他無意中得罪某高層，那位高層的家人是矽谷知名創投資本家，因此被視為公司的共同創辦人，多年來為公司帶來大把的資金。」

我們談到公司的多樣性日益減少，高層和董事會被白人男性把持，只有一個女性。TuneIn Premium推出後，我們的有機增長用戶數仍不斷下降。辦公室的氣氛越來越詭異，我嗅到一股風雨欲來之勢。

高中版的權利鬥爭

兩週後，行銷部的主管在會議上，再次提出TuneIn Premium的錄音功能有侵權疑慮，建議把資金投入開發內容，一週後他就被炒了。一名資深的前端開發工程師，站在使用者的角度，建議要簡化目前「取消訂閱」的步驟，高層以會損害收入為由，告訴這位工程師應該要pivot——轉向思考該開發什麼新功能，幫助公司賺更多錢；三小時後，他的電子郵件被切斷，並接到人事部門開

除的電話。

同事一個個被裁掉，上班的心情有如送葬。

公司瀰漫著一股「恐懼文化」，我們意識到，只要提出和高層方向不一致的建議，就會被炒魷魚，許多人開始保持沈默，以求自保。各種傳言流竄，Vincent說：「聽說上面積極尋求上市，也許財務長想降低成本，讓財報數字好看些。」奇怪的是，公司各種名目的活動反而變多，探索日、寵物週、週五品酒之夜……，有同事在聊天群組寫：「上面用舉辦活動來掩蓋不斷解僱的瘋狂行為。」

有同事匿名在線上調查問卷提問：「我們的飯碗是否還有保障？」隔天，高層在週會向我們吹噓銀行裡有多少錢，保證公司沒有縮編人力，是進行必要的調整，TuneIn Premium的推出為我們帶來金流，公司持續成長，大家不用擔心。人員流動在矽谷新創圈是常態，但這家公司短短數月內，優秀和資深的員工不是被挖走，就是自動離職，知識流失的速度比積累的速度快。

複雜的政治角力持續著，有如影集《權力遊戲》的情節。

如果你處於核心圈子，會受邀參加聖誕節的太浩湖

（Lake Tahoe）度假會議。一名在Twitter有上千追蹤者的員工，在Twitter轉發高層的言論，讚揚公司的政策，兩週後，他被升職了。Taylor決定跳去競爭對手Spotify，她問我：「你考慮換工作嗎？我可以幫你丟履歷，這裡已經沒前景，除非你願意出賣你的靈魂，或參加如同高中時代的權力遊戲。」

我不是沒考慮過Taylor的提議，但我希望做滿兩年，或者說，我想看看這場鬧劇會怎麼收場。下班後同事抱團取暖，我們體認到，過去我們盲目相信公司畫的大餅，上位者關心的是融資、上市，和擴張地盤、掌握更多權利。說穿了，我們就像用完即焚的一次性機器人，是廉價無足輕重的工人。

我們知道這是有毒性的工作文化，卻動彈不得。我們像是溺水的人，而手上的認股權，是我們的浮板。「現在離去等於什麼都沒有了」，期盼公司上市似乎成了續命稻草。

過多的資金是毒品

一位工程部初創員工感慨地說：「原有的創新文化已瓦解，團隊擴大太快，我們喪失快速調整路線的機動性，

但這是一個過渡期。」他參與創建第一代產品，對公司有革命情感，說出這番話我並不意外。

當時所有數據都顯示我們走在一條錯誤的道路上，但高層卻藉由花錢來掩蓋公司面對的嚴峻現實，由於得跟投資人交代，他們已經喪失進行各種創新嘗試的選擇權。

正如矽谷重量級創業教父史蒂夫・霍夫曼（Steven S. Hoffman）所言，新創企業若還沒找到可行的商業模式，卻過早拿到大筆資金，就會停止創新。因為董事會期待你擴大業務規模，但你還在尋找真正符合市場需求的產品。舉例來說，Fab是一家做線上零售的新創公司，燒完手上的兩億美元後，不得不放棄夢想；這筆錢實際上是害了Fab，因為他們支付得起獲取客戶時所需龐大的費用，掩蓋了他們正在走下坡的事實，他們並不了解顧客到底想要什麼，無法找到可持續的商業模式。

過多的資金像是毒品，慢慢腐蝕創辦人和公司高層的腦袋。想想看，你在一個人拿到一億時，他正在興奮的當頭、超級樂觀，你跟他說此路行不通，他聽得進去才有鬼。

而TuneIn正是這種現象的縮影。

在暴風雨前離開

　　人有時很矛盾，我知道應該辭職，但仍照常進辦公室，繼續寫網頁文案、測試產品，和翻譯軟體發布通知。這樣的日子持續兩個月，某一天，在下大雨充滿霧氣濕冷的晚上，我下班開車回家，塞在路上。我感到無法喘息──毒性的工作文化像眼前的大雨，將我覆滅。

　　我感到沮喪，但好像終於了解什麼。

　　我總是太天眞，把雜誌上創業家的勵志故事當眞。在面試時，我對主管口中「一起改寫廣播的未來」的願景心動了。我在簽offer前，沒有對這家公司的背景做「盡職調查」，而該迅速抽身離開時，我被金錢和安逸的生活拴住了。

　　近身觀察和參與新創公司的發展軌跡，已不再令我興奮。我覺得自己像一個嘴巴被搗住的共犯，明知公司的商業模式有漏洞，卻繼續沈淪。

　　車窗外風雨交加，我的心也在颳颱風。

　　事實上，這群人在玩弄權力與資本的遊戲，爲了賺錢，犧牲員工和整個產業的利益。看清你曾希望融入的公司的眞實樣貌，令人唏噓。但我困惑的是，矽谷新創公司

宣稱「讓世界變得更美好」的使命，是否是一種糖衣砲彈？

在那個雨夜，我意識到是劃下句點的時候了。

Begin Again

一年後，在我開車去新公司的路上，收到Vincent的簡訊，內容是一則新聞快訊：「英國索尼音樂和華納音樂起訴TuneIn，根據歐盟版權法，指控TuneIn提供在該國未經許可的國際廣播電台的訪問權，侵犯唱片公司的版權。」這兩家音樂集團，同時對TuneIn Premium允許用戶錄製廣播的功能提出質疑。

我雖不意外，但擔心仍在TuneIn老同事的處境。

我和Vincent晚餐，他說公司由於營運不善，為縮編人力，公司幾乎裁掉一半的人。董事會不滿執行長的「政績」，歷經一番角力後，最終由行銷長出任新的執行長，公司也將Premium的錄音功能下架。

在TuneIn經歷的種種瘋狂，讓我目睹一家未成年、橫衝直撞的新創企業，在矽谷的高度競爭洪流下，可以怎樣出賣自己的「心」，迷失了分寸和方向，一步步把自己推

到深淵。

　　顛覆一個老態龍鍾的產業，和轉大人的代價，是無比沈痛的。TuneIn繳了鉅額的罰金、品牌形象受損，並喪失終端用戶的信任，以及讓初入矽谷、單純如白紙的人，對矽谷新創企業「讓世界變更好」的使命產生懷疑。

矽谷面試須知

在矽谷，創投公司決定是否要投資一家新創企業時，會做盡職調查，意指針對創辦人特質、潛在市場規模、初步市場驗證做評估，也會對法律、財務、技術和專利等做調查，確認對方公司是否值得被投資、是否有潛藏的風險。

其實找工作時，也要對面試公司做充分的盡職調查，許多事情在面試流程是有跡可循的，經過TuneIn的血淚教訓後，後來我在矽谷面試，會詢問面試官這些問題：

- 這裡的員工流動率是多少？若答案偏高，你可以接著問：為什麼這麼高？

- 我面試的職位是新職位，或是取代原本的員工？若答案是取代，接著問：原本做這職務的人現在在做什麼？

- 你認為公司一年內的發展為何？五年內又會如何？

- 你認為公司會如何幫助我發展職涯技能，並對我的職涯發展有所助益（可以舉例你想發展的技能）？

- 這裡的管理風格是什麼？會有Micro Management（微觀管理，與宏觀管理相反）的問題嗎？

- 公司是否投資新的企業解決方案工具、採用產業最新的技術？

- 多久對員工進行考核評估，這份工作是否有晉升的機會？若一家公司沒有年度考績評估，通常晉升機會也很少。

06. 矽谷叢林臥底故事二：蘋果
白色恐佈

　　進入這間全球最大的手機製造商是個巧合，離開TuneIn後我陸續在跨國科技公司擔任產品經理和業務，對矽谷灣區濃厚的好奇心，驅使我成立部落格「矽谷Bonjour」，並在《天下雜誌換日線》開設專欄，我趁週末空檔寫作，主題橫跨矽谷職場、社會觀察，和飲食風尚、旅遊人文。一年多後，我有幸出了第一本書《舊金山人的口袋地圖》。

　　業務工作雖然繁忙，但跟新創公司的「瘋狂」相比，邊工作邊寫書的日子是充實而有意義的。生活漸漸步上軌道，我跟P搬到新家。當我準備在工作崗位進一步發展時，我的生命來了個不速之客——不孕，我不得不為我的生活按下暫停鍵。

　　兩年多來，我們努力嘗試自然懷孕，但驗孕紙從來未出現兩條線。當時我三十五歲，已達高齡產婦的年紀，醫生建議我立即手術，移除子宮內十公分拳頭般大的肌瘤，讓子宮環境乾淨，為試管嬰兒的療程做準備。

我對「生活經驗」的重視遠超工作內容，我並沒有野心做企業的領導人，而我人生目前的任務是「試管嬰兒」，仔細評估後，我決定調整工作性質，辭去需出差加班、有業績壓力的業務工作，專心備孕。

朋友建議我，不妨應徵蘋果的軟體測試人員，由於是約聘人員，上下班時間固定，且不需出差和加班。不孕的療程，得配合月經週期，時常進出醫院、打針吃藥，這份工作很適合這個「過渡時期」。再者，公司的頭銜很響亮，我的好奇心再次被勾起，我抱著試試看的心態投了履歷。

這份工作性質特殊，是透過agency招聘的。不少人透過這份工作，成為蘋果的正式員工，或跳槽到別家科技大廠。由於公司名聲響亮，薪水在同業極富競爭力，很多人擠破頭想爭取。經過三階段的嚴格考核，包括電話面試、兩關筆試後，我順利拿到offer。

在聯合國上班

在這裡和我之前在TuneIn的性質有點類似，但更看重語言能力。我的團隊隸屬線上服務的部門，早在十幾年前，蘋果已靠著一款音樂商店app，重塑了音樂產業，結

束了音樂CD的時代。

我的職稱像語言學系的人會應徵的——在地化／語言學測試員（Localization/Linguistic Tester），負責QA（Quality Assurance）這家公司繁體中文版本的媒體播放器（線上商店、音樂播放器、和電視）的應用程式。

由於公司的服務範圍，多達五十多個國家，上班時有如身處聯合國大會，可以跟來自阿拉伯、瑞典、柬埔寨、智利等五十幾國的測試員一同工作。

各種你聽過或沒聽過的語言，在辦公室此起彼落。

同事之中臥虎藏龍，他們的主修橫跨語文、電腦工程、生物科技和人文藝術。我同組的一位同事，是台大電機系高材生，之前待的公司都是新創，來這工作是想體驗在科技巨頭上班的滋味。有同事則是接一場口譯就上千美金的專業口譯人員，來上班純為交朋友。有測試員之前是遊戲公司的軟體工程師，他笑稱自己是只想指出問題、不想解決問題的工程師。也有一位同事以前是模特兒，她把這份工作視為轉職矽谷科技業的跳板。也有從歐洲來的視覺藝術家，這份工作的薪水，支持他在昂貴的灣區繼續從事藝術創作。

大材小用的員工

在這工作對許多人來說是大材小用的。

有一位中國同事，剛從常春藤盟校取得東亞文化研究學位，為了累積業界經驗來這工作。更有柏克萊大學生物系的高材生，她形容這份工作跟她藥廠的工作相比，是小菜一碟。還有一位測試員，精通德文、日文、英文和西班牙文，這份工作對他來說是「打工度假」。

這份工作很像走進歷史課的真實場景，使我接觸來自全球各地、背景多元的人，他們像是一扇窗，讓世界走進我的心，開了我的視野。比方說，我從葡萄牙和巴西的同事身上了解──雖然兩個國家都說葡萄牙文，但葡萄牙語受義大利文和法文的影響，在葡萄牙說「再見」跟義大利文一樣都是ciao，而到了巴西，同樣一個意思則被讀作tchau。另外，和阿拉伯人交談時，不要雙手交叉，對方會認為不受尊重甚至是侮辱。跟印度及巴基斯坦人說話時，他們搖頭表示贊同，點頭則表示不同意，跟台灣完全相反。

撤除公司刻意塑造的恐怖氣氛，同事間的相處其實很融洽。廚房裡常有來自世界各地的傳統點心，是工作中的小確幸。許多測試員會在自己國家的傳統節日，攜帶特色

點心，並在信件中解釋節日的由來，我因此有機會品嘗阿拉伯的炸糖丸（luqaimat）、印度咖哩餃（samosa），和泰國的榴槤乾等傳統小食。

我和台灣組的同事，也熱愛做國民外交，我們在中秋節時帶月餅給同事吃，分享嫦娥奔月的故事，以及中秋團圓對台灣人的意義。

高科技監獄

在這裡很容易跟同事培養革命情誼，畢竟我們在同一條船上，為這家標榜完美主義和重視細節的公司服務。很多時候，在這家全球市值最高的科技巨擘工作，給人一種無形的顫慄感。辦公室從裡到外都是單調的白——牆壁、辦公桌、鍵盤、滑鼠，甚至廁所的門都不例外。

那是一種令人緊張、充滿秩序和壓迫感的白。

公司對「機密性」的重視，近乎瘋狂。我們的一言一行、出的每個任務，以及上下班和放飯時間，都被嚴密監視著。

矽谷多天早晨8:15，寒風刺骨，幾近零度，我們守在白色建築外的門口，凍得直打哆嗦。8:25，蘋果員工拿著

星巴克咖啡經過我們，連正眼都沒看我們一眼。我們用門禁卡在門上「嗶」了一聲，表情槁木死灰地魚貫進入。

至今我都認為，那棟建築是一座高科技的監獄，我們像被圈禁的獄卒，如果可能的話，公司應該會要求我們穿制服。

無限迴圈一號

我們的辦公室位於蘋果的全球總部，辦公大樓叫作「無限迴圈一號」。整座白色的建築採用透明的玻璃，外觀看似通風，但你從外面很難注意到這座建築。六棟相鄰的建築群有如大學校園，是一個綠意盎然的封閉體。

這座校園不像谷歌或臉書，是不對外開放的。上班時，我們穿過主建築的重重大門，不斷聽到門禁卡的嗶嗶聲，抵達陽光灑落的中庭，四周種滿了樹，有綠色的草坪和戶外用餐區，但員工各個行色匆匆，沒有人會跟你微笑打招呼。每一處都有一身黑衣的保安人員，他們安靜矗立在角落，但你很難忽視他們，有同事無意拿起手機拍照，馬上被保安制止。

為了保密防諜，或純粹展現矽谷開放式辦公的創意，每天上班的座位是不固定的。就像監獄一樣，處處都有規

矩，老鳥總有辦法取得他們想要的座位，新人得進行一陣無聲的廝殺，才能搶到想要的座位。

辦公室雖寬敞，有廚房和休息的空間，但幾乎沒窗戶，彷彿是真空的無菌室，侷促而密閉。辦公室裡還有多道牆壁，隔開不同的任務小組。如果不違反勞基法，他們應該會加裝監視器吧。

每天一早，專案經理會一臉嚴肅地登入電腦，檢查我們是否在8:37前登入電腦。若錯過這個時間，你的下場會很淒涼。遲到三十秒的員工，像等待審判的死刑犯，蒼白無助地站在辦公室門口，眼巴巴等著專案經理解救你，領你進辦公室。

遲到的人像犯了滔天大罪似的，處罰是發配到「前線」戰區，也就是離蘋果員工最近的座位──這家公司員工對面的座位。有幾次，我坐在這一區，感到背脊發涼，一整天心神不寧，總覺得背後有一雙眼睛盯著我。

下班後，我們的電腦會被重新設定，消除裡面一切的記錄，彷彿要抹去我們的足跡。在我的印象中，每天上班時，尤其是剛上任的前半年，我們都戰戰兢兢、緊張兮兮的。

外人知道我爲這家科技巨擘工作時，會投以羨慕的眼光。但在這裡五百多個日子的每一天，我覺得自己像落入一個白色的迷宮，我奮力前進，卻始終找不到出口。或許，在企業工作跟走入婚姻是一樣的道理──圍城裡的人想出去，而圍城外的人則想進來。

07. / 保密防諜

　　蘋果的企業文化迥異於矽谷其他的公司。有之前TuneIn軟體測試的經驗，這回我上手的速度快多了，但對公司出名的「搞神祕」所衍伸的種種規矩，我感到震驚與無所適從。

　　多數時刻，我覺得自己彷彿在爲中情局工作。

　　雖然我早就簽了保密協議NDA（Non-disclosure agreement），但他們顯然無法充分信任新晉的員工，剛就任的前三週，我完全不知道到底要做什麼專案。雖然沒有明說，但我心知肚明，這三週其實是試用期，公司要觀察我是否可靠、不會洩密。我被警告：「曾有同事不小心洩露受訓的內容，隔天就被革職了。」

　　門禁管制的說明會令我記憶猶新，我們進入每一棟建築時，被要求務必刷員工識別證，蘋果的員工再三強調：「絕對不能讓別人尾隨你進來。」有一次丹麥的測試員尾隨同事進餐廳，馬上被公司的人禁止，好像在抓現行犯似的。

每當公司要執行高度機密的新專案時，保密措施更是滴水不漏。

這一天，Producer（製作人）會提早抵達辦公室，偌大的白色房間異常安靜，空氣中隱隱透著一股不安的氣氛。我們一抵達辦公室，屁股還沒坐熱，就收到一封電子郵件，公布哪些產品和語系的測試員，即將要被「圈禁」。

緊接著，Producer用黑色的簾幕，將辦公室一側的座位，整個包圍住，成為「非請勿入」的禁區。按照典獄長的指示，我們像沒戴手銬的獄卒，魚貫移動到禁區就定位，整個過程其實有點蠢。為了嚴防每一個可能的漏洞，我們的手機被沒收，統一放在另一個房間，下班才能跟典獄長領取。Producer再三告誡：「不能跟任何人吐露專案的內容，就連你的老爸或老婆也一樣。」

神祕專案通常會進行一到兩天，公司只對員工透露有限的訊息，你不會對專案有全面的了解，只會得知「你需要知道的事情」，像是完成期限、在什麼設備做測試。測試時也不太鼓勵各國測試員交流溝通，搞得每個人噤若寒蟬、神經兮兮的。

有需要才能知道

　　上述故事，正是蘋果「有需要才能知道（need-to-know）」的企業文化。公司不鼓勵員工談論正在進行的專案，並刻意把團隊裡的小組分開，規定員工不能參與別人的專案。很有可能同事就坐在你旁邊，但你不知道對方做什麼。

　　每次開會前，會議召集人必須到公司內部的網站，確認所有與會人員都簽了保密協議，網站包括所有專案的代碼、安全層級，和負責該專案的員工。一位負責iPad的前專案經理表示，「曾經有人沒有簽NDA，被當場請出會議室。」另外，員工不該對主管談論所負責的案子的細節，除非主管簽了保密協議。

　　水能載舟，亦能覆舟，這種文化的好處是，讓員工更能專注自己的任務，有限的資訊也讓員工很難玩辦公室政治。但在缺乏足夠的資訊之下，有些經驗無法分享，例如，新人在專案上遇到困難，沒辦法主動向進行類似專案的人求助，因為對方得遵守保密條款。

　　除此之外，公司沒有組織圖，唯一的線索是內部通訊錄，可以查到每位員工的姓名、部門、直屬主管、電話、電子郵件，但很難由此判斷一個人從事的專案。我們就像

蒙上眼、訓練有素的臥底，每個人只知道片面情報，不知道可能危及其他同伴的資訊，只有公司少數的高層知曉全貌。

諷刺的是，這幾年要求企業更開放、透明的訴求，成為不可逆的趨勢，所有的商管書幾乎都在談論企業透明度的重要性。但全球最成功、市值最高的企業，卻反其道而行。

事實上，保密文化對員工的健康是有影響的，美國哥倫比亞大學心理學家麥可·史列皮恩（Michael Slepian）的研究發現，越常保守祕密的人，越容易認為自己會因此變得不幸福，且自認為越不健康。難怪我在這裡工作時，時常感到焦慮，有的同事甚至出現失眠、掉髮等症狀。

這種保密到家的企業文化，始於蘋果具傳奇色彩的創辦人史蒂夫·賈伯斯（Steven Jobs）。

美國鴻海

蘋果的員工對於已故的賈伯斯，有近乎宗教般的崇拜，他們喜歡訴說怎麼跟賈伯斯在走廊相遇，賈伯斯說了什麼，以及他的傳奇事蹟。

我朋友Rick之前是這間公司的產品經理，有一次在員工餐廳點墨西哥捲餅，他和後面的人點了菠菜口味的麵皮，餐廳剛好用完麵皮。「我第一次看到有人跑步去拿麵皮。」此時，他的同事走了過來，Rick跟同事打招呼，那人完全沒理睬他就走了。

　　他納悶不已，直到餐廳員工拿麵皮回來後，Rick回頭一看，發現後面站的，竟然是賈伯斯。Rick手心冒汗，對賈伯斯說：「你可以先沒有關係。」賈伯斯冷冷地對他說：「我讓你先，因為我想讓你先回去工作。」

　　賈伯斯在2011年離世，但他的影子充滿公司的每一個角落。

　　無限迴圈一號員工餐廳旁的走廊，牆上掛著一幅黑白照片，已故的賈伯斯身穿招牌黑色高領毛衣，單手拿著筆電，一臉意氣風發的樣子。走到底端，牆上是賈伯斯的名言：「如果你做了一件事，結果還不錯，那麼你應該去做一些其他更精采的事。不要糾結太久，只需弄清楚接下來要做什麼。（If you do something and it turns out pretty good, then you should go do something else wonderful, not dwell on it for too long. Just figure out what's next.）」

　　賈伯斯的領導風格，完全體現在這句話之中。前彭博

社專欄作家Joe Nocera，長期關注矽谷科技圈新聞，他曾在《君子雜誌》提到賈伯斯所要營造的工作氛圍：「一個讓人更努力、更長時間工作的環境，你必須面對最沈重的期限壓力，扛起你從沒想過可承擔的責任。從來不休假，幾乎連週末都從不休息，而你完全不會在意！你會愛死這種生活！」

無怪乎，在矽谷許多人私底下說這家公司是「美國的鴻海」。

它跟谷歌、臉書活潑的企業文化截然不同。走進谷歌的總部園區，你會看到戴著墨鏡的員工，躺在漆成綠色的海灘木椅上用筆電；有人從廚房冰箱拿出燕麥奶，把咖啡粉放入義式濃縮咖啡機。辦公室裡甚至有睡覺室、按摩室和遊戲室，谷歌還提供免費的健身課程和各種專業嗜好課程，舉凡花藝、品酒或養蜂，應有盡有。

蘋果不提供以上福利，健身房和員工餐都是要付錢的。員工一進公司，彼此不太會閒聊，或問候對方週末過得如何，而是馬上進入作戰狀態。現任和前任執行長都是工作狂，這種長時間努力工作的文化，也貫徹到基層員工之中。

在這裡，從工程師到總機小姐都非常敬業，工作時不

苟言笑，凌晨和週末都能收到他們的電子郵件。他們手機不離身，就連上廁所也不例外，有一次在洗手間，我聽到一位Producer接到主管電話，她就邊如廁邊進行電話會議。

這家公司的薪資上雖然在矽谷有競爭力，但不算特別高，福利馬馬虎虎，但工作氣氛異常嚴肅。很顯然，員工賣命工作不只是為了錢，而是被一股使命感，或企業文化驅動著，這股精神讓我深感佩服，我尊敬這一群以自身的能力和努力，在競爭激烈的矽谷奮力向上的同事。此外，他們認為自己的工作對全世界，和科技的發展有重大的影響，一位資深工程師說：「我覺得我在研發的產品真的能改變世界。」

奮鬥文化

同時，更多的員工認為「不能停下來，外面還有十幾個人排隊等著取代你。」前記憶體公司Anobit的執行長Ariel Maislos，被收購後曾服務於蘋果，他形容：「在這裡，為了保住職位，你必須保持領先。公司對每個人都寄予厚望，他們希望你做的每件事都令人驚異。」

其實，除了蘋果，**矽谷科技業向來鼓吹一種「奮鬥文**

化」──**唯有不斷努力，才能持續前進、不被超越**。矽谷至今能成爲世界科技的重鎮，並持續引領趨勢，我認爲要歸功於此種精神驅動力。

特斯拉執行長伊隆・馬斯克曾在推特說，如果想要改變世界，一週工作四十小時遠遠不夠，至少需要工作八十個小時，才能完成這個目標。亞馬遜創辦人傑夫・貝佐斯（Jeff Bezos），更早在1997年寫給股東的信中指出：「你可以長時間、努力或聰明工作，但在亞馬遜，這三個都得具備，你不能只選其中二個。」

這種對生產力過分著迷的奮鬥文化，令我驚嘆，我覺得彷彿回到台灣：無止境的加班、行事曆布滿會議、重感冒還是提槍上陣，一整天掛在公司群組聊天室。我的歐洲同事們說：「矽谷人太愛工作了，他們對工作的態度等同宗教奉獻的程度。」矽谷很多公司像Netflix、VMware和新創公司，提供無上限年假，但員工根本忙到沒機會休假。

看著一群高學歷、超級聰明的菁英，二十四小時隨時待命、拚命工作，很像在看一群奧運金牌選手比賽，非常過癮。我了解在強者雲集的矽谷，這群菁英必須得一身拚勁、不斷努力，才能不被淘汰。我不禁思考，當矽谷或整

個科技業把這種對工作的癡迷，塑造成一種值得鼓勵的社會信仰，何時能實現我心中一週工作四天的夢想？

　　況且，科技公司的終極目的，不外乎是追求利潤最大化，好對投資人交代。底下的員工，包括我自己，不禁想問：**在公司當中我們扮演的角色究竟是什麼？**

08. 階級制度

賈伯斯除了喜歡搞神祕,還是個不折不扣的「細節控」,就算是最小的事他也極為重視。

根據一位曾和賈伯斯共事的員工表示,有一次一個新產品上市在即,他負責撰寫和發布電子郵件給客戶。賈伯斯把大家叫來,不是討論信件內容,而是反覆推敲信件的標點符號要怎麼標示才好。

細節、細節

許多看似微不足道的細節,公司都十分認真看待,展現在產品設計、研發、介面操作,和軟體測試,甚至是小到如技術文件上的標點符號、日期格式,都有一套明確的規定。說蘋果是靠細節取勝,一點也不誇張!

也難怪,我和身邊許多同事,在公司工作久了都罹患「強迫症」,Producer對語意翻譯的要求極為嚴格,我們在翻譯時,如果該用頓號時用逗號,引號用成英文的「""」,都是大忌。

和之前在新創公司TuneIn的工作相比，這家公司紀律嚴明，每件事都有標準作業流程。比方說，軟體測試的錯誤報告有一套固定的格式，每一個小環節都不能遺漏，我們必須備註測試環境、瀏覽器的版本，和測試裝置的軟體版本等等。當遇到軟體操作上的錯誤時，Producer會要求我們，在不同的裝置上，從第一個步驟到最後一個步驟再操作一次，以確認這個錯誤在任何使用環境都能複製。

此外，公司對於產品的品質也異常執著，一位前工程師敘述，公司出廠的手機和平板電腦的Home button，均要求測試時要按50萬次，有工程師反應消費者一生實際使用很難達到50萬次，但產品部門的人還是堅持：「我們要確認產品能通過最嚴峻的使用環境，百分之0.1的機率也不能疏忽。」也難怪蘋果的產品品質是業界標竿，親眼見證這一切的細節令我感到莫名的雀躍。

隱形的階級制度

在這裡，階級制度無所不在，只是大家不會明言。

所有人一開始都很興奮能為這家科技巨頭工作，但這種光環在領到員工識別證時便粉碎了。正職員工的識別證是「彩色」的蘋果標誌，而我們的卻是晦暗的「灰色」，

凸顯了彼此身分的不同。

　　約聘人員在這裡是沒有人權的，我們的上下班時間受到嚴密監控，連吃飯時間都是固定的，上午11:55準時放飯，下午1:07前必須回到辦公室登入電腦，雖然不用打卡，但他們用電腦登入的時間，監督我們的工作時間。我們被告知，上下午各有一次五到十分鐘的休息時間，好像是天大的恩惠似的，意思是其他時間最好都守在電腦前待命。我們還被要求，每隔半小時到一小時，在專案管理的線上系統，必須隨時更新目前手頭任務的最新進展。

　　我們甚至不能向外人透露工作的地點，我們被告知，如果叫Uber Eats外賣，不能告訴司機明確的地址，必須要走到公司校園的最外側取餐，好像要掩人耳目似地。我們就像是「二等公民」，不能使用公司健身房、不能搭通勤巴士，只差沒有劃分約聘人員的專用道路吧。

　　這種不成文的階級制度，也反映在正職員工的圈子。

　　公司從賈伯斯逝世前到現在，一直是以工業設計為主導，因此工業設計師的地位有如神，他們在會議上說的話如同聖旨，所有團隊必須傾力配合，甚至改變現有的計畫或流程。接下來就是負責能見度高、當紅炸子雞產品的軟體工程師，下一層是硬體工程師和產品行銷人員。從事電

腦研發的單位曾是備受矚目的一群人，如今已不受寵。其他部門基本上都是二等軍，支援單位像是客服部、人力資源根本不入流。

這種階級制度，硬生生地反應在薪資、入職獎金與認股權上。在矽谷，大學剛畢業的軟體工程師的平均年薪是十一萬美金起跳，而人事部專員的平均年薪則是五萬六千美金，足足差了一倍。

儘管許多研究顯示，EQ、創造力、溝通能力等軟性技能，不像寫程式或數據分析，是難以量化的深層技能，且無法透過訓練快速學習。但從金錢和組織的角度來看，這種多元的深層能力，仍然較不受重視。

科技帝國

公司剛宣布新的總部正式開幕時，占地一百七十五英畝的新園區，有如從天而降的太空船，前衛酷炫的環形外觀，和所在城市庫比蒂諾（Cupertino）顯得格格不入。事實上，新總部自從動工以來，便破壞了這座小鎮的寧靜氛圍。落成後，隨著越來越多的員工遷入新的辦公室，導致周圍住屋環境進一步惡化，交通嚴重堵塞，房價飛漲。

根據在裡面上班的員工表示，新總部其實「中看不中

用」。由於建築設計是圓形的，員工每天早上停完車，必須繞好大一圈，才能抵達辦公室座位，半小時就這樣沒了。而為了要能容納一萬四千名員工，太空船內部的員工座位空間並不寬敞，儲物空間非常有限。

當時矽谷所有重要的科技巨擘，像是臉書、谷歌、亞馬遜、Nvidia，也幾乎同時開始打造新的原創總部。柏克萊大學景觀建築與環境規劃教授路易絲・莫辛戈（Louise A. Mozingo）曾說：「我認為矽谷正在蓋自己的凡爾賽宮。矽谷企業的興盛就是靠著極其靈活的空間運用，因此才會看到這裡以辦公園區為主要形式。公司會有成長、萎縮，於是可以撤退、重整旗鼓，又或是撤退、消失。這種做法非常適合矽谷的經濟週期。像這樣投資興建大型、量身打造，無法輕易改變用途的建築，在過去未曾見過。」

莫辛戈教授進一步闡釋，「這些新設計的維護成本非常高，得花上大批人力，也得不斷投注資金。」《矽谷帝國》一書的作者露西・葛芮妮（Lucie Greene）則認為，這些矽谷巨頭不惜成本，透過更複雜、成熟的設計美學，展現業主的能力，除了能優雅地陳述企業的形象，也試著留下自己的印記，象徵著科技擴張的野心。

是不是科技擴張我管不了那麼多，這些科技巨擘的總

部零售商店，倒是為他們賺進不少銀子。不過，蘋果的新總部是真的美到極點。

隱形勞動力

在蘋果上班有如行軍，日子一天天過去，我頻繁進出不孕科門診和中醫師的診間，試管嬰兒的療程進入最後階段，我即將要植入胚胎，醫生建議我儘量放輕鬆。

我們就像公司的隱形員工，組織圖上不會有我們的名字，有些人和正職員工做同樣的工作，薪水和福利卻大幅縮水。除了蘋果，谷歌和臉書等科技巨頭也大量雇用約聘人員，目的是壓低公司的正式員工數量，讓財報數字看起來更好看。2022年後，在員工的抗議之下，谷歌取消了約聘員工的制度，也許會對矽谷的招聘文化產生影響，不過這是後話了。

當時公司正計畫在德州奧斯汀（Austin）的辦公室招聘測試員，以節省人事開支。同事之間私下盛傳，最近可能會有一波大裁員，大家都人心惶惶。有些同事開始默默丟履歷找工作，我知道應該及早行動，但我的心思全放在試管嬰兒上面，無暇顧及其他的事情。像是要寬慰自己似的，我想到當初面試時，人資部的主管說這份工作是有保

障的，很多員工在同一崗位上做了超過四年，轉為正職員工的人也大有人在。但一週後，英語系的測試員陸續被約談，他們先裁掉澳洲和英國的測試員，而由負責美國市場的測試員扛下他們的任務。

風暴很快落在我頭上。

原本據傳中文語系不會裁員，但三天後我被約談了。專案經理說這次裁員擴及所有語系，他們預計要裁掉40%的員工，先從最資淺的員工開始裁起，我是中文語系最嫩的成員，倒楣的自然是我。

雖然早有心理準備，但當裁員真正來臨時，我的內心還是唏噓不已，這是我人生中第一次面臨裁員，我感到五味雜陳。前一秒，我還在手機上測試新版軟體即將上線的功能，下一秒，我就被通知下週五得打包走人。這就像是戀愛中的男女，原本還打得火熱，轉身便翻臉無情，成為陌路人。

我雖然談不上為公司夙夜匪懈，但也是兢兢業業，嚴肅認真地對待每一次的專案。這次裁員的名目是「專案終止」，實際上蘋果的業務蒸蒸日上，市值已破億，裁員的真正原因是為了縮編預算，計畫從奧斯汀雇人替代我們。由於我們是約聘人員，還拿不到任何資遣費。

就算是矽谷科技巨頭的正職員工，上面要你走人也是不留情面。前一天還跟老闆有說有笑地開會，隔天便收到裁員信件，要你留下筆電和手機，並由警衛「護送」你走出辦公室。我意識到受僱於企業是沒有保障的，沒有一個人是無法被取代的。矽谷從來不缺人才，裁掉一位資深工程師，後面有幾百位高學歷、薪水較低的年輕人等著卡位。

　　最慘的還不僅於此，就在同一天，我的月經來了，代表試管嬰兒植入失敗……。

09. 矽谷叢林臥底故事三：臉書
迅速行動，打破常規

　　如果說蘋果的企業文化像中情局，臉書則有如自由開放的大學校園。

　　當時做完試管嬰兒的我，身體在大量藥物的注射下非常虛弱，因此被蘋果解聘後，休息了一陣子，並玩票性質地開設了podcast節目，想不到迴響熱烈，我的部落格業務量激增，我開始思考全職投入自媒體經營的可能性，並研究變現模式。

　　但我與大企業似乎緣分未盡，一個突如其來的工作機會降臨──臉書虛擬現實部門（Reality Labs）的供應鏈管理師，負責Oculus頭戴式VR裝置、Portal視訊通話裝置等硬體產品的物料規劃。我向來對臉書的企業文化很感興趣，虛擬實境也是未來的趨勢，我想一探究竟，因此馬上簽了offer。

超透明：直接和祖克柏對話

　　我是在疫情爆發後加入臉書的，從面試到入職都採遠

端進行，入職前一週公司寄來了電腦、手機。遠端工作對新人融入組織是一大挑戰，好在公司安排了新兵訓練營bootcamp，並指派入職導師協助我了解公司的文化、資源和流程。訓練期間我主動和十七位同事進行一對一會議，了解他們的背景和工作內容，讓自己在最短的時間內熟悉團隊成員和文化。臉書的內部學習系統也提供了豐富的課程，我上了溝通和向上管理的課程，獲益良多。

一入職，我便馬上感受到臉書開放透明的企業文化。身為新人，我可以看到所有的產品文件和數據（包括跨產品和跨app的），也可以參加公司任何部門的會議，有一種被信任的感覺，和蘋果保密主義至上的風格截然不同。一般企業對於程式碼都非常保密，臉書又是一家工程導向的公司，但臉書讓每位工程師都能查看和修改公司內所有的程式碼，連實習工程師也不例外，透明度相當高。

最令我耳目一新的是，所有員工能直接和公司高層互動提問，比方說，執行長馬克・祖克柏（Mark Zuckerberg）每週會辦Q&A大會，分享公司最近的重大事件和發展方向，接著就是回答員工的問題，任何級別的員工（包括實習生）都可以直接提問，問題種類五花八門，從敏感

的吹哨人事件[7]到舊金山的住房危機都有，祖克柏還會分享他最近的個人體悟。此外，我部門的大老闆安卓‧博斯沃思（Andrew Bosworth，綽號Boz）每週二早上也會舉辦「#TuesdaysWithBoz」，疫情後轉爲線上直播，氣氛很輕鬆，大家透過公司群組聊天室Workplace發言提問，有同事問Boz正在讀什麼書、去哪裡找靈感，Boz都無所不答。

超坦率：越級挑戰老闆「很正常」

臉書第二個令我欣賞的地方是比較不官僚，和矽谷其他科技巨頭相比，臉書的組織相對扁平化。論資排輩那一套在臉書是行不通的，大家都可以很平等的交流，公司重視每個人的觀點，並鼓勵員工質疑和批評主管，越級溝通和糾正大老闆也很常見。

舉例來說，我所在的部門，所有新人加入半年後，都會收到資深總監的一對一會議邀請，據說疫情前是「coffee chat」。老實說收到邀請時我嚇了一跳，我過去待的公司高階主管都是高高在上的，很難有機會跟高層單獨開會。整場會議中，總監一點架子都沒有，主動自我介紹後，表明想了解我工作遇到的挑戰，以及對於團隊的建議，以便協助我達成職涯目標。

---

7 臉書前員工弗朗西斯‧豪根（Frances Haugen）向美國證券交易委員會與《華爾街日報》披露上萬份臉書內部文件，指控臉書不顧假消息傳播、青少年健康受害等，把公司的成長排在公衆權益和社會安全之上。

另一個例子，我們部門的實習生有一次直接寫信給副總，反應他購買的Oculus戴久了會引起皮膚過敏。我心想這小屁孩簡直找死，副總那麼忙怎麼會理他，何況這樣「以下犯下」豈不是斷送未來職涯路。想不到當天他就收到副總的回信，副總不但謝謝他，還在Workplace發文，詢問大家是否有類似的困擾。

　　這種「扁平化」的組織風格也展現在臉書的辦公室。

　　在臉書，主管不會有自己的私人辦公室，就連祖克柏也不例外。為了體現高度的流動性和透明度，祖克柏的辦公室就位於整棟建築中間的會議室，四周都是玻璃帷幕，一舉一動都被員工看得一清二楚，因此被稱為「魚缸」。祖克柏的本意，是希望和員工融在一起，促進開放對話，打破傳統辦公室的職場等級。

　　此外，公司非常鼓勵員工發表自己的觀點，以及不斷給予同事回饋，同事之間都很習慣以直接而真誠的方式交流；在會議上常常都是你一言我一句，大家搶著發言。臉書有一門課程就是教導員工如何給予回饋，我觀察臉書人除了勇於表達，發言都頗能切中要旨、具體客觀，他們也會期望你在會議中有所貢獻。一開始到臉書時我有點不適應，後來慢慢融入這種開放式溝通的文化，覺得能和主管

「開誠布公」地說話，實在省去不少時間和腦力，也大大提升工作效率。

臉書曾連續多年獲全球最佳雇主的殊榮，因此在矽谷，有不少公司參考臉書「開放式」的活潑企業文化，也把辦公室打造成開放式的設計，提升同事之間的日常交流。除了臉書，矽谷的Netflix、LinkedIn、HubSpot也以自由開放的企業文化著稱。

「迅速行動，打破常規」埋下隱憂

臉書另一個知名的核心價值是「駭客精神」，公司海報上寫著「Move fast and break things」（迅速行動，打破常規）、「Fail Harder」（失敗地更猛一點吧），意思是說如果有什麼好的想法，就要馬上去做出成果並從中學習，就算有時候搞砸了也沒關係。祖克柏曾說：「**最大的風險就是不冒險。比起犯錯，我們更害怕因為行動太慢而失去機會。**」

臉書推出新程式的速度之快在業界是聞名的，一般公司從寫完程式到發布至少數月到數年，以甲骨文（Oracle）為例，工程師寫完程式幾個月後才會被提交到程式庫，接著得經過四個人審查，確認新程式不會影響到

其他環節；然後根據產品發布週期，新的程式兩年後才會正式上線。但臉書一天可以推出四到五次的新程式，工程師早上寫好的程式，下午就有可能發布，立即被上億用戶使用。

臉書當年便是憑藉速度與冒險，不斷發布新功能而打敗MySpace，成為社群網站的龍頭。駭客文化鼓勵反覆嘗試、勇敢試錯，不要害怕失敗。這種精神鮮活地展現在臉書的「駭客松」（hackathon），這是公司每年都會辦的活動，工程師集思廣益、通宵寫程式，將腦海中的點子迅速做出產品原型，臉書的「讚」功能就是在駭客松裡激發出的想法。

我認為臉書持續創新的動力，來自高度透明和駭客精神的企業文化。但水能載舟，亦能覆舟，當「迅速行動，打破常規」成為公司的座右銘時，團隊成員很難更徹底地考慮一些事情再行動，因為先做再說、不怕失敗是被鼓勵的。比方說，臉書當年沒考慮過如何處理不當的言論和保護用戶隱私，就快速推出塗鴉牆（Wall）、動態消息（News Feed）、Facebook Live等功能，沒有人想過哪些內容應該禁止、不能放上去，誰有權利控制和審查內容，釀成臉書後來成為助長霸凌、仇恨與散布致命假消息的媒介。

當臉書成長爲有數十億用戶的社交巨擘後，「駭客精神」不再是優勢，反而讓公司一次次地捲入關於隱私、假新聞和有害內容的醜聞。因此，2014年祖克柏將臉書的座右銘改爲「Move fast with stable infrastructure」（用穩定的基礎架構快速行動），但當一家公司早已信奉萬物都可以駭入、爲達目的而不計後果時，更具毀滅性的醜聞風暴即將引爆⋯⋯。

10. 失控的社群帝國

與其說臉書是一家科技公司，不如說是社交媒體公司。

加入臉書沒多久，我就發現臉書人普遍熱衷「交際」。連結和社交不僅是這家公司的使命，也體現在工作場合之中。也許是企業文化使然，臉書吸引了一大批個性活潑、喜好交際的年輕人加入。公司爲了方便員工溝通與合作，特別建構了一個企業版本的臉書，叫做Workplace，在使用功能和介面上和臉書大同小異。

科技公司？或社交公司？

大家每天上班的第一件事，不是打開Outlook，而是上Workplace刷動態牆和對話群組，掌握公司和同事的最新動態，或跟同事互傳訊息，深怕漏接任何一個重要消息。在臉書，每個產品、部門或專案在Workplace都有自己的群組（Group），加入後可以了解專案的進度，也可以對產品提建議或報告bug。平常老闆們會直接在Workplace上直播或發表貼文、照片，員工則會熱情地在

下面留言提問，再附上傳神的表情符號或GIF動畫。如果是祖克柏發文，下面往往會有上百個留言和轉發。

幾乎所有人一整天都掛在Workplace上面，動態牆每隔幾分鐘就有新的貼文或影片：有些人分享了祖克柏的貼文，有些人討論公司新產品Quest 2上市了，有部門主管祝賀屬下就職三週年「Happy 3rd Faceversary」（改名後變成Metaversary），並寫了一長串感謝的話和附上員工的照片。

入職三個月後，我對於每天使用Workplace仍不太習慣，我深深佩服同事一心多用的能力，大家平常工作都焦頭爛額了，竟然還有時間在Workplace上和其他同事互動、回應主管的貼文，或分享自己專案的進展。後來我懂了，Workplace說穿了就是臉書人的「虛擬競技場」，許多人用它來彰顯工作的成就或刷存在感。由於Workplace是公開的，員工在上面的一言一行，所有大老闆都看得到，在上面的發言甚至會影響在職場上的好感度，攸關考績和升遷。

據我觀察，原本應該要促進工作效率的Workplace，似乎對員工造成無形的壓力。員工得到的按讚、留言和分享，反應了一個人在團隊裡的人緣。為了要贏得更多的讚

和分享，讓大老闆對你留下深刻印象，我有同事不惜花數小時寫一則貼文，發文後一直刷頁面看有多少人回應，導致工作和網路社交難以切割。

同事互評考績，考驗職場人緣

臉書人積極與同事打好關係的另一個原因，來自公司的多角度評鑑制度。臉書的績效考評制度，除了自我評量、直屬老闆評量，還有同儕互評的環節。每位員工要找三到五位同事來評估自己，而同事所說的話在考績中占了相當大的比重，會直接影響員工的升遷與獎金。

除此之外，臉書人還能以匿名方式主動對他人寫評價，被評論的員工也無從反駁。因此，跟同事維持友好關係成為必備的生存技能，臉書的員工不僅要取悅主管，更要討好同事。為了不要被「打小報告」，大家都不敢得罪身邊同事，儘量避免衝突和意見不和，也深怕錯過team outing或公司聚餐，甚至抱病都得參加。而為了展示友好，員工還得在私人臉書上關注彼此，而平常在Workplace幫同事按讚、留言、轉發更是家常便飯。

儘管如此，我還是蠻享受和這些同事一起工作，遠端的距離反而讓我們彼此更靠近，偶而的健行team outing和

線上happy hour，拉近彼此的距離。這裡的同事，和之前所有的公司一樣，幾乎都非常敬業，也教會我許多這個產業的知識，拜公司透明的系統，我甚至能了解不同部門在做什麼，讓我開了眼界。

開放透明之濫觴

加入臉書前，我看過一則新聞：一名臉書男性工程師，因吹噓自己有特權能存取女用戶資料，而遭到革職。當時我半信半疑，難以置信像臉書規模那麼大的社群網路公司，竟沒有一套嚴格的隱私權保護措施，限制員工的存取權限。

直到入職一年後，有次我的臉書專頁「矽谷Bonjour」出現問題，無法刊登貼文，我透過內部平台回報錯誤。解決錯誤的過程中，我和四位工程師溝通，發現就算不是負責粉絲專頁的軟體工程師，也有權限取得我的帳號密碼，直接登入我的臉書後台。其中兩位工程師事先取得我的授權，登入我的帳號進行trouble shoot，但另外兩位工程師沒知會我便自行登入。我很訝異整個過程工程師完全不需提出申請、取得上級審查和同意，便能輕易取得用戶的私密資料。也就是說，用戶的個人資料是不受到加密保護的，公司沒有完善的制度確保用戶的隱私權不被侵犯。

臉書開放透明的內部系統，原意是為了方便工程師取得資料來開發新產品，想不到被一些工程師用以窺探用戶隱私。如此不嚴密的用戶安全隱私系統，難怪會釀出2018年「劍橋分析」[8]個資濫用風暴。我曾和一位臉書數據工程師聊到這個議題，他說對臉書來說，用戶的個資和注意力是金礦，配合演算法，這些數據為臉書帶來可觀的廣告收益，因此公司不會有強烈動力去監督數據的使用，直到劍橋分析事件爆發之後，遭到政府監管，才意識到必須加強內部監督以保護用戶隱私。

多事之秋

　　我永遠記得2021年的九月，就在「吹哨人事件」爆發沒隔幾天，某天我的電子信箱忽然出現一封語氣嚴峻的信：「所有員工必須在本週之前完成隱私政策教育訓練，否則將上報主管，影響你的工作去留。」臉書公司文化一向活潑不拘謹，我從未收到過措辭如此嚴厲的郵件。

　　這幾天，同事們紛紛議論前產品經理弗朗西斯・豪根（Frances Haugen）的大膽舉動，她向美國證券交易委員會與《華爾街日報》爆料，洩露上萬份臉書內部文件，指控臉書不顧假消息傳播、青少年健康受害，將商業利益置於公眾安全之前。同事們對豪根的指控反應激烈、意見紛

8　政治顧問公司劍橋分析（Cambridge Analytica）在未經臉書用戶同意的情況下，將臉書八千七百萬用戶資訊用於商業用途，試圖影響英美等國選情。

雜，有些人在Workplace上發言捍衛公司，說豪根扭曲了他們在臉書所做的工作；有些人認為公司應該邀請她到內部的全員大會上說明；有些人則質疑豪根的動機、背景和資歷；還有人說臉書透明度高的企業文化讓公司捲入醜聞。

公司氣氛原本就詭譎到極點，現在又收到這封信，加深大家的不安與騷動。有人傳言公司將限制員工瀏覽內部文件和群組的權限，臉書開放透明的工作文化即將結束。更多的人抱怨公司股票暴跌，個人資產縮水。高階主管們緊急召開線上會議，表示豪根所言不實，說明公司如何確保旗下社群平台的隱私和安全，以及提供不同部門的運作細節，希望能安撫員工的情緒。

祖克柏在Q&A大會和Workplace回應豪根的指控，「如果我們不關心有害內容，為什麼要雇用更多專門研究及打擊有害內容的人？如果我們想隱藏專家對臉書的研究結果，為什麼我們要建立領先業界的透明度，並說明我們的行事標準？」他沈重地說：「我們非常關心安全、幸福和心理健康等問題。當你看到新聞報導斷章取義、扭曲了我們的工作和動機，真的很令人沮喪。」

後來的故事你們大概知道了，2021年10月4日，臉書

和旗下社群媒體無預警大當機。三週後，在一連串醜聞纏身之下，祖克柏在Facebook Connect開發者大會上宣布臉書改名為「Meta」。

告別信

我對臉書的工作產生了二心，身為一個小職員，我看不清公司的虛實，和高層一封封措詞懇切的信背後的全貌。

公司這幾年因一連串的負面新聞，掀起一波波離職潮，拿到臉書的聘書不再令人感到雀躍。我厭倦了回答朋友關於臉書醜聞的各項問題，我覺得這份工作在啃食著我的靈魂，消耗我的精力。我像是躲在科技帝國裡的既得利益者，我想要逃離，但矽谷早已把我變得安逸而軟弱。

現在的我依然相信，工作能帶給我快樂和成就感，但這場牌局的發牌者必須是我。一個人的價值，不在於他的頭銜和職業。上市公司的大老闆名利雙收，但每天汲汲營營，連家人也見不上幾次。他的工作，真的比花店老闆高人一等嗎？

長久以來，我一直試圖透過工作證明自己的價值，我以為大企業的工作，能給予我社會認同感和歸屬感。但我

錯了，因為頂著大公司頭銜的我，依然感到空虛而無力。我渴望寫作，想要改變。我想擁有真正屬於自己的事業，為自己工作。

某個禮拜五，我遞交辭呈的兩週後，最後一次登入Workplace，我看到一位同事的告別信：

「大家好，今天是我在臉書的最後一天。這曾是一份令我感到快樂的工作，我喜歡和一群高手為『連結世界』的使命而獻身的感覺，但我再也承受不了內心的矛盾。我不認為我留下來可以顯著改善情況。」

我在Workplace上留下簡短的告別訊息後，看著同事的留言像蝌蚪一條條冒出來，我逐一關上每一個電腦視窗。遠端離職免除許多尷尬，卻也像人間蒸發似的，我彷彿從未在這裡工作過，我的公司權限被一個個取消，而我的數碼足跡一一被記錄著。

我闔上電腦，切斷與Workplace的連結。

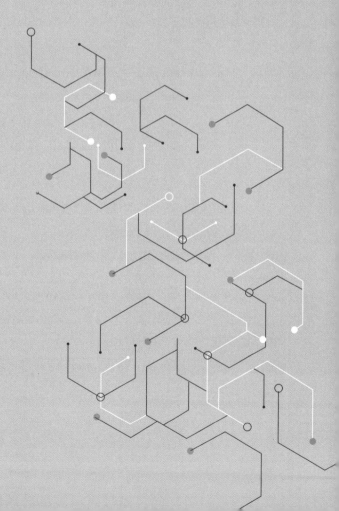

PART 2

解密矽谷叢林
職場傳說

00.
來矽谷就能實現美國夢？

　　每年，我看著來自世界各地的移民，帶著新鮮的肝、聰明的頭腦，和存款不多的銀行戶頭，懷抱各自的野心，湧入矽谷，實現心中的「美國夢」。

　　我從台灣到德州大學奧斯汀念研究所時，跟許多留學生一樣，心中也有朦朧的「美國夢」——取得學位，進入美國公司，在世界的舞台找到一席之地。美國對我而言，是一個滿佈機會的沃土，你澆灌什麼給它，美國會以獨有的方式回饋你，長成一朵你預期意料之外的花朵。

　　只是我沒想到，那朵花竟是矽谷。矽谷是美國夢的極致版本，能在這競爭激烈，匯集人才、資金和創新思維的地方立足，被視為能在全世界立足。

　　「對金錢的追求，是『美國夢』中不變的成分。」美國歷史學教授馬修·沃肖爾（Matthew Warshauer）的這句話刻畫出美國夢的基本敘事結構。事實上，自從1849年的

淘金熱，和九〇年代末的網路榮景，加州和矽谷在美國人和移民的心中，就和快速致富與成功劃上等號。

幫你腦補一下，美國夢這個詞，最早出現在1931年《美國史詩》一書中，意味美國是充滿無限機會的夢想之地，無論你的出身為何，都能憑自己的能力，創造更富有、更豐盛的生活。

據我觀察，美國沒有任何一個地方比矽谷更能反應這樣的美國夢精髓。TechCrunch⁹創辦人麥克‧阿靈頓（Michael Arrington）曾說：「無論你年紀多大，是男是女，只要你的創意受歡迎，而且能實現這個創意，你就能改變這個世界，或者變得真的令人非常討厭的富有！」

到矽谷快速致富，然後呢？

在我身邊有許多來矽谷追美國夢的第一手案例。

TJ在1998年網路全盛時期來到矽谷，加入當時風頭正勁的雅虎，他手上的股票期權一年翻了五倍，晉升百萬美元俱樂部的一員。不料兩年內，網路泡沫化大崩盤，他賠光之前炒股賺的所有錢。後來TJ跳去一家沒聽過名字的新創，股市崩盤心有餘悸，入職時的簽約金他選擇拿現金。

9　TechCrunch是一個美國重量級的科技部落格，報導與評論新興網際網路公司、產品，和科技業的重大突發新聞，是美國網際網路產業的風向標。

反觀他的同事小賴，因為沒家累拿了股票，幾年後公司一飛沖天，十幾萬股的廢紙如今價值美金上億，年紀輕輕就實現財務自由，TJ則繼續在二線科技公司浮沈。對了，當年他們進的那家新創公司是臉書！

我的韓國同事Will，在公司特別安靜，午餐總獨自在車裡吃便當。他拿工作簽證，是家族第一個到美國留學的人，從東岸名校畢業後到矽谷工作，和太太省吃儉用，擠在只放得下床鋪的合租房，所有薪水拿來還學貸和存錢買房。

Will來矽谷的目標就是付清學貸、拿綠卡，買一間帶草皮的房子，我不確定後來他的「美國夢」是否成真，但他的紅色特斯拉Model 3，永遠孤零零停在停車場的角落，最後一個離開公司。

單身女子遠赴矽谷的動機，倒不僅是為了錢。

女友小艾三十出頭，工作能力突出，她的人生目標就是有朝一日移居海外。台灣記憶體大廠派她到矽谷，拓展北美業務，我因工作關係認識了小艾。某次吃飯，小艾帶美籍男友M出場，手上閃著兩克拉鑽戒，一臉春風得意。上個月小艾在帕拉阿圖的高級健身房Soul Cycle認識M，兩人一拍即合，火速訂婚。

趁男友去廁所,小艾透露:「公司其實幾個月前要調我回台北,好在我申請留職停薪,自掏腰包住旅館。」小艾外派到矽谷,醉翁之意不在酒,這幾個月她大量出入科技新貴出沒的地點,像沙山路的Rosewood Hotel[10]和Barry's Bootcamp[11]。

我在心中祝福小艾,得償夙願一圓美國夢。

矽谷是美國夢的縮影

多數矽谷人的美國夢,是有固定畫面的,基本上就是買房買車、進入風頭最健的公司,入手高投報率的投資,再搭配個時下最夯的智能健身設備。當然每個時代,隨著產業結構和社會氛圍的變遷,這幅畫面稍微有所不同。

1990年代矽谷小夫妻的美國夢是:房子、錄影機,一隻狗。2000年初,網路泡沫破滅之前則是:超過一棟的房子、越多越好的股票,跳槽到下一家網景或思科[12]。2015年畫風轉變為:兩房兩廳的公寓、特斯拉電動車,和Fitbit健康智慧手環。

到了疫情成為常態的2022年,這幅畫面則演變成:賓士Sprinter豪華露營車、Peloton家用智能單車,和投資比特幣、狗狗幣。沒唬你,現在#vanlife的主題標籤在

---

10 位於矽谷門洛帕克(Menlo Park)的五星級酒店,VC風險投資者和創業者經常在此聚會。
11 近年來深受矽谷科技人愛戴的健身房。
12 網景(Netscape)和思科(Cisco)是2000年網路泡沫爆發前,矽谷市值最高的公司之一。

Instagram上超火的，隨便都有上千筆討論串。

拆掉磚頭與柱子的新美國夢

你或許會好奇，新一代年輕人的美國夢是什麼？

有別於上一代的美國夢的主軸是「財富」和「穩定」，千禧世代寧願花美金十二塊在酪梨吐司，而不願存頭期款。他們不見得付不出頭期款，而是刻意不背房貸。

我身邊越來越多不到三十歲的朋友搬來矽谷，選擇單身或不生小孩，也不買房子，他們連續跳槽和為了自己而創業，是因為他們更看重「自由」與有「激情」的人生。

比方說，我朋友Zack是小留學生，大學畢業後每年跳槽，二十七歲總算落腳LinkedIn，平常三餐在員工餐廳解決，洗澡去健身房。疫情後索性連公寓都退租，家當放倉庫，開著露營車全美走透透，體現全職數位遊牧人生。

小梅是甲骨文的產品經理，和鋼琴師男友懷有音樂夢，婚後決定不生子。疫情爆發後，夫妻倆辭去正職，全心投入開創線上音樂教育公司，短短兩年拿到天使投資，客源穩定成長。疫情讓他們體驗到人生短暫，他們創業不只為了賺錢，而是為了將命運掌握在自己的手中。

在矽谷，越來越多新一代的移民和老美，嚮往說走就走，擁有絕對自由的生活型態，這是拆掉磚頭與柱子的新美國夢。他們選擇創業，參加火人祭（Burning Man）、內觀靜修會，住在露營車上以天地爲家，都是透過不斷探索與追尋，達到「自我實現」的目標。他們正在改寫新美國夢的敘事結構。

總的來說，新一代移民來矽谷，若抱著迅速淘金、買房的傳統美國夢會大失所望。但矽谷願意挑戰現狀、鼓勵創新，和不因循守舊的開放精神，仍提供了絕佳「自我實現」的養分。

01. / 在矽谷，會說比會做重要？

　　"Don't be shy or humble about your strengths and achievements. Remember you are in a very verbal culture."
（不要對自己的優勢和成就感到害羞或謙遜。記住你在美國，這是一個標榜「口頭文化」的國家。）

　　在矽谷工作這麼多年，歷練過新創企業和大咖科技公司，我對用美國人普遍「講話膨風」這件事，還是不太適應。我腦中常浮現在美國公關公司第一份實習工作，主管W對我說的這句話。

矽谷求職，體驗美國「口語文化」掛帥的衝擊

　　搬來矽谷後，我每天投出至少二十封履歷、積極透過朋友介紹工作，並勤練面試技巧，但往往在第二關電話面試或實體面試時，就迅速被淘汰，找了三個多月竟沒拿到任何一個offer，信心全失。

　　當時我跟本文開頭的主管尋求諮詢，W還特別提醒我要收起亞洲的謙虛文化，如果我為過去的工作表現打八十

分，面談時則要說成一百分，且姿態要不卑不亢、眼睛都不眨一下。W在矽谷和美國職場打滾了十餘年，深諳箇中之道，笑說這樣才能符合一般美國人說話的標準。另外，若能將過去的小成就，描述成一個如何克服困難、最後成功的精采曲折案例，挺進下一關的機率將大為提高。

和一般亞洲人相比，我算是比較善於表達的人，從小在演講、辯論比賽屢獲名次，但我曾在矽谷練習模擬面試時，見識到我的老美朋友，如何舌燦蓮花將學生時代一個微不足道的科學競賽，描述成有如奧林匹克數學競賽突出重圍的驚人案例。不得不說，我完全被美國人的口才震攝了！滔滔不絕、天花亂墜，言談之間製造故事的高低起伏和重點，表情和手勢更是到位。

反觀我自己，雖然研究所學業成績排在全系前百分之十，找工作時卻彷彿無用武之地。我觀察當中的差異不只是英文口語能力的高低，而是心態上的差異。我們亞洲人從小接受的教育是少說多做、沈默是金。而在美國社會，大部分情況之下，「**會說**」比「**會做**」更為重要，**君子慎言這種事是不存在的。**

是否能言善道，直接影響在矽谷職場的升遷速度

美國人際關係大師卡內基曾說：「一個人事業的成功，只有15%取決於他的智力和技巧，另外85%取決於溝通的能力——講話的技巧以及說服他人的能力。」這句話用於矽谷職場，簡直有如圭臬。

我曾在矽谷科技公司，親眼目睹兩位業務經理爭取部門主管的過程。

業務部的總監把公司一個新產品線指派給一位台灣同事M負責，他接到任務後的第一反應是：「好，老闆你要我怎麼做？」接著，他熬夜加班花了三天的時間，照著老闆提出的方向交出企劃案，之後跟別的部門的人仔細交派工作。這半年來他幾乎都最後一個下班，鉅細靡遺確認跨部門的合作按表操課。一年後，M負責的產品線，慢慢在北美市場拓寬銷售通路的渠道，產品的能見度大為提高。

而另外一個老美同事B小姐，同時被總監委任負責另一項新產品線，她接到任務時的反應，跟我的台灣同事截然不同。首先，她跟老闆說：「你給我一點時間，我想個企劃案給你。」隔天，B主動邀請工程、產品和行銷部門的主管開會，討論方案的主軸，和每個部門能提供的資源。一週後，她提出方案，並強調這方案是跨部門協調後

的成果，她順利得到老闆批准後執行。一年後，B小姐也成功打開這項產品線的北美通路渠道。此時，她跟老闆說：「我還可以負責另一個相關的產品線，我做了一個簡報，對這項產品做了市場分析，我認為我們可以……。」

最後，老闆不但讓B接管另一個產品線，在一級主管會議上，B也成功出線，成為業務部的經理。我的解讀——雖然兩個人都很有主管相，但B更加積極主動、提出自己的想法，還串連各部門，做資源整合，展現她的跨部門溝通統籌的能力。最後，B更大膽爭取機會，向老闆毛遂自薦，表明願意承擔更多職責，為自己開創新局。

在矽谷，開放式溝通、創新思考是常態，主管不怕你提出問題和要求，只怕你沒聲音就變成隱形人。

在矽谷一線公司，只會悶頭做事的工程師，也不比同時具備紮實溝通能力的工程師吃香。中高階的技術主管，看重的不是程式寫得如何、會不會做事，反倒更像是一個團隊的「業務」——能否橫向溝通合作、解決內部矛盾，把困難的技術問題，解釋給不同部門的人聽；以及向上管理、為團隊爭取有力的資源，這些都需要優異的溝通能力。

美國扎根於校園教育的說話力

談了那麼多，你或許會好奇，究竟美國人能言善道的「標準人設」，是打哪來的呢？

我想這份肯說敢言、口才好的特質是源於從小的教育：在台灣，我們自小被教導要「順從聽話」。還記得小學一二年級時，我是老師的頭痛名單，每天家長的聯絡簿上寫的是「上課太愛發言」，我身邊就有朋友因為從小被「警告」話太多，久之喪失了勇於表達想法的動機。

反觀美國教育，從幼稚園就培養孩子自在表達與回答問題的能力，只要上課發言，老師一定投以「戲劇式的讚美」，學生還常能獲得小獎章等禮物，無形之中增強了孩子的自信心。學校也經常有「Show and Tell」的活動，通常由老師訂定主題，比如說第一週展示的對象是自己：Who am I？（我是誰），等於讓小朋友自我介紹。接下來展示寵物、書、手工作品、旅遊紀念品等等——學生可以帶真的狗、烏龜甚至毛毛蟲到學校對全班解說，再讓同學自由發問討論。

透過這種互動性高的上課形式，孩子也在無形間培養了說故事和運用詞彙、5W1H（What, Where, When, Who, Why and How）等表達技巧。基本上這種「互問互答」的

教學形式，貫徹了美式教育的精髓。

我在德州大學廣告系的第一堂課叫創意策略，上課有如一場互動式座談會，老師拋出一個問題，完全不需點同學發言，台下就此起彼落有人搶著回答。可以想見美國人自小就被鍛鍊需具備說話力，其重要性在大學或研究所入學評估的比重，甚至比考試成績還重要，日後自然被落實到美國的生活和職場。

欣賞美國人的滔滔不絕，是一種文化包容力

當時在研究所為獲得好成績，我強迫自己每堂課必定要發言一次。後來在矽谷找工作入了職場後，我開始思考為何求學階段沒有的文化衝擊，突然排山倒海迎面而來？

原因在於職場是一個更為現實的世界，會不會說話直接影響在公司的地位。回顧我在美國的第一份正職工作，雖然因自己不會對客戶提案而吃過虧，但我具備美國人不見得有的仔細和認真，且正是因為知道無法走能言善道路線，特別加強觀察最新的數位行銷趨勢操作策略，並投入 Google Analytics 證照的考取。當中粹煉的實力，讓我日後有機會為公司轉型的具體執行方案獻技，而獲得辦工作簽證的機會。

當初的文化衝擊，給了我從另一面向著手努力的動機，同時不斷「打掉重練」，提醒自己說話時儘量大方無畏，丟掉原本的包袱。後來有機會在規模不等的跨國公司歷練，跟來自世界各地的人共事之後，對於美國人講話「膨風」這件事，也漸漸覺得稀鬆平常。

　　畢竟每個文化背景的人都有獨特的溝通說話模式，沒有絕對的標準。

　　例如多數印度人講話，明明嘴上說的是 Yes，卻不斷左右擺動頭部；墨西哥人或日本人有時則說話比較攏統或過度客氣，需要進一步確認對談的要點，避免造成認知的落差。

　　如今的我，每當老美在我眼前展現口若懸河的完美演說時，我會 sit back and relax，好整以暇地看他們「表演」、學習當中的說話技巧，同時為當中的內容打一點折扣，然後在心中為他們默默叫好。

02. 被千萬年薪「金手銬」禁錮的靈與肉

「我羨慕有勇氣去做讓自己開心的工作的人。」不只一次年薪破千萬的矽谷人對我這麼說。

朋友H，谷歌資深軟體工程師，年薪四十五萬美元，左手寫程式，右手操盤股市，在矽谷一流學區有兩棟房子，羨煞朋友圈。某次紅酒盲測「趴踢」，不到四十的他，距上次見面，頭髮白了一半，胖了一圈，不像以往談笑風生。

「醫生說他身體年齡六十歲，每天得按時服用降血壓藥！」H老婆跟我們碎念。

酒過三巡，H吐露半年來每天睡不到三小時，白天為谷歌賣命、晚上為明星獨角獸新創WeWork[13]寫程式到清晨，每週工時一百二十小時，壓力過大，常跟老婆孩子吵架。我在心中為他捏把冷汗，好奇身家上億的他，為何如此玩命？

原來H一直想去新創圈闖闖，「想再拚一把，公司成

---

13 提出辦公室共享空間方案的新創公司，市值最高曾達到四百七十億美元。

　　　　　　　　　　　　　　矽谷傳說臥底報告

功IPO就一夕爆富，超過在谷歌奮鬥幾年賺的錢，買個小島退休不成問題。」被獨角獸挖角後，H發現谷歌股票半年後成熟，儘管工作食之無味，他仍咬牙硬撐。股票入帳那一天，H離開谷歌，結束晝夜工作的玩命生活。

貿然辭職伴隨巨大財物損失和心理代價

根據韋氏辭典，金手銬（Golden Handcuffs）一詞最早出現於1964年，後來泛指企業為留住員工，祭出「延期獎勵」的誘人高額薪水和福利。在矽谷，衡量科技公司員工的身價，不只是看基本年薪，獎金和股票也得算進去。其中限制型股票（RSU）[14]變現價值高，是企業用來吸引和圈住員工的慣用伎倆。

我同事弟弟馬克，當初衝著豐厚股票加入Uber。怎知，公司一再推遲上市計劃，永遠在工作（Always be hustling）和爾虞我詐的企業文化令他窒息，他說自己行屍走肉地工作，就是不想損失上市後可輕易入袋的數百萬美元。

無論在科技巨頭或新創企業，在矽谷貿然辭職意味高度的財務和心理代價，有房貸或家庭的人更難說走就走，很多人甚至懷疑無法再找到同等薪資水平的工作。這些

---

14 一種以股權來激勵員工的方法，雇主承諾給與員工某個固定額度的股票，員工在工作一定時間後，才能享有股票處分權。

聰明、高學歷的金童，在別人眼中是菁英，自己卻食髓知味；為了金錢，像一隻在滾輪中奔跑的倉鼠，想逃脫卻動彈不得，被一股無力和絕望感吞食著。

你的內心是否有無形的金手銬？

我們活在一個著迷於生產力，和必須不斷追求更高勞務報酬的社會。但許多研究發現，在北美生活滿意度在年薪達到九萬五千美元大關之後，開始下降。矽谷巨額的工作報酬，顯然無法給予等價的快樂和成就感——反之，當工作賺取的金錢超過日常開銷所需的點，我們開始向內看，追求更深一層的心理需求，也就是內在價值的實現。

對你來說工作的意義是什麼？

有些人把工作當作掙錢手段，唯一目標是追求薪資報酬的極大化；也有人尋求不斷的自我成長，以突破舒適圈、實現自我價值為動力來源；更有一群人要求工作符合興趣，如果同時是志業更理想。以上種種讓我不禁思考，**很多時候我們內心或許都有一個無形的金手銬。**

你的工作令你心力交瘁，你想過出去闖闖，卻因高薪或認為生活已然定型，認定自己別無選擇？又或者，你執著於目前工作的頭銜光環，擔心辭職後別人的眼光和質

疑？如果以上任一種情況跟你目前處境類似，很可能你也被「銬」住了！

回到H的故事，跳到新創團隊後，度過前三個月致力「讓世界變得更好」[15]的蜜月期後，某天他老婆跟我訴苦：「現在連家都不回，小孩我一個人帶。跟二十幾歲的年輕人沒日沒夜拚IPO，遲早過勞死！」更糟的是，為挑戰更長工時，H服用LSD迷幻藥，引發幻覺和焦慮，家庭氣氛盪到谷底。

接下來的事你可能猜到了。

WeWork從世界估值最高的明星獨角獸，2019年瘋狂墜落神壇，最終取消IPO。H沒拿到公司聘他時畫下的六位數美元股票期權大餅，老婆因彼此對人生方向追尋的不同，訴請離婚，在巨大的身體和精神負荷下，H罹患了憂鬱症。

這個曾經充滿熱情與野心的工程師，因為對金錢的無止盡的追逐，變得疲憊不堪、憤世忌俗，危害到健康和婚姻。曾經看過一句話：「在生命走到盡頭的時候，人們不是希望自己賺更多的錢。相反地，他們後悔花了太多時間工作，沒有忠於自己，也沒有讓自己快樂。」

---

15 矽谷新創公司往往以「讓世界變得更美好」作為公司使命。

幸福與工作的甜蜜點

從H意識到自己不快樂，他花了一年的時間，離開讓他失了魂的工作。他求助一位專注正念療法的人生教練（Life Coach），探索走到這地步的原因，釐清價值系統、學習向內看，重新定義工作和金錢對他的意義。

同時，在我的推薦下，H接觸美國華頓商學院教授理查·謝爾（G. Richard Shell）開設的「自行定義成功」課程。循著這位老教授的帶領，他思索提供收入、發揮天賦和點燃內在熱情的工作，對人生各自的意義，並在這三者的交會點，逐步找到事業和人生的新起點。

半年前，他跟老婆重修舊好，離開科技業，賣掉房子，投入他從大學時就想做的線上健身教練事業，展開第二人生。最重要的是，認識他這麼多年，我第一次感受到他的輕盈自在，他笑說：「沒想到當年的金手銬，如今成為重啓我人生的金手鐲。」

03. / 印度人比華人吃得開？

某天，我跟朋友Wendy用餐，在思科擔任總監的她，跟我訴苦：「每次高管會議上，我都是唯一的台灣人，其他C-Suite層級以上的高管，不是印度人，就是老美，我覺得好孤單。」

Wendy是我矽谷的朋友圈中，唯一做到總監級別的朋友。據我觀察，我周遭的華人朋友，在矽谷做到中階經理的大有人在，但能晉身高管俱樂部（總監、副總裁或董事會成員）的人，則少之又少。

這件事勾起我的好奇心，一查資料，發現早在2016年，有個非營利性組織Ascend基金會做了一項調查，顯示當時矽谷最大的五家科技公司：谷歌、惠普、英特爾、LinkedIn和雅虎，亞洲員工占了將近三成，但高管層級的比重嚴重不足，只有13.9%。相比之下，白人占這些公司的62%，並有八成位居高管。而一份2019年的數據也顯示，在《財富》500強企業中，只有三成的董事會成員是亞裔。

這些調查揭示了亞裔在矽谷和美國職場，普遍的一個難題——「竹子天花板」（Bamboo Ceiling），也就是亞裔在美國職場的一種無形障礙，難以升遷到高階職位的社會現象。

模範少數族裔（Model Minority）的迷思

在美國，亞裔往往被視爲少數族裔中的優等生，我們守法勤勞、高學歷、高收入、犯罪率低，怪不得能在文化大熔爐裡成功。Pew Research的研究顯示，亞裔是美國人口增長最快、收入最好，受教育程度最高的種族群體。但這種圍繞亞洲人成功的說法，掩蓋了亞洲專業人士在領導職位上代表性嚴重不足的事實。

我不禁想問，我們亞洲人很會念書、能力也很好，爲何進入職場後，就是爬不到最頂層的位置呢？

《打破竹子天花板：亞洲人的職業戰略》一書的作者Jane Hyun認爲，文化價值觀可能導致亞洲人與美國領導層之間的脫節。比方說，東方文化鼓勵謙遜與服從權威，但在西方人的眼中，會容易誤解爲沒主見與沒自信。西方文化中的領導者，需要掌握權威並勇於表達自己的想法，亞洲人的人格特質會被認爲缺乏領導能力和企圖心。

有趣的是，我觀察到印度人也是亞洲人，但他們在矽谷和美國，卻比華人要吃得開。像是谷歌母公司Alphabet、微軟、IBM、Adobe，和Palo Alto Networks等企業的最高層，都是印度裔。

2019年哥倫比亞大學商學院的一項研究也發現，「竹子天花板」並非存在於所有亞裔群體，主要是影響東亞裔（中國、日本、韓國等），而非南亞裔（印度、巴基斯坦等），而東亞裔在美國的人口總數是南亞裔的1.6倍。

到底印度人有什麼祕密武器，能讓他們縱橫矽谷職場？

堅定自信、勇於表達（Assertiveness）

就我觀察，印度人比較assertive，翻譯成中文就是堅定自信，對工作的態度非常積極，且擅於溝通。在會議上，有別於其他亞洲族裔通常比較害羞、不敢說話，印度人則好舉手、好提問，他們能邏輯清晰地表明自己的想法，向大家詳細說明自己做了些什麼，遇到跟別人意見不同時，也能堅定立場、據理力爭。

舉例來說，主管交代一個任務，建議大家以ABCD的順序執行，華人同事通常會乖乖照辦，但印度同事則會舉

手提出異議：

「爲什麼不試試看BADC？」

「我認爲用CABE的方式會更有效，因爲……」

　　矽谷職場的氛圍是鼓勵創新和挑戰的，你不一定要同意老闆的看法，若你有辦法push back、勇敢且有邏輯地講出一番道理，帶領團隊走到對的方向，大家會尊重你，認爲你有見識、有影響力。印度人便時常在團隊中扮演這樣的角色，能見度自然提高。

　　印度人普遍善於辯論、直抒己見的人格特質，其實源於他們的文化傳統。諾貝爾經濟學獎得主阿瑪蒂亞・沈恩（Amartya Sen）的著作《好思辯的印度人》，講述了印度人好辯論的文化傳統，《經濟學人》也曾指出「辯論基因是印度本質中的根本要素」。

　　這樣的文化價值觀符合了美國社會對領導者的期待，美國的教育從小就鍛鍊大方表達自己的想法，美國人喜歡爲自己的立場辯解，所以也很習慣想法被挑戰、反駁。反觀東北亞深受儒家思想的文化薰陶，奉行謙虛內斂，重視集體主義，因此東亞裔人在工作場合，通常較少主動發言表現自己，講話也比較不直接與謹愼小心，這種人格特

質，在標榜個人主義、開創競爭的美國主流文化下，常被誤解為溫馴和缺乏領導力。

如何打破竹子天花板？

解決竹子天花板的問題，跟組織多樣性的政策有關，是一個長遠的任務。但也可以透過一些方法，讓自己在西方職場更容易被看見。我訪問了幾位矽谷亞裔高階主管和職涯教練，分享幾個在美國職場上，如何在保有原有文化價值觀的前提下，翻轉眾人對亞洲人的刻板印象、突破竹子天花板的「招式」，供大家參考。

第一招：敢於表達、在衝突中堅持自己的立場

美國作家愛麗絲・華克（Alice Walker）說：「最常見放棄權利的方式，就是認為自己毫無權利。」不要等別人給你權利，把球掌握在自己手中。有意識地調整自己的溝通方式，在理性溝通的原則下，試著直接表達想法，不用考慮再三、怕造成別人的困擾，了解如果同事有不同的意見自然會提出來。

以建設性的方法表示異議，勇於為自己的立場辯解。例如在會議上，你正推動一項計畫，若有同事提出不同的看法，不妨大方謝謝他貢獻自己的想法，並把他的意見中

可取的地方納入你提出的方案，讓主事者得到最豐富多元的資訊，以作出最恰當的決定。

第二招：了解自己的優勢、打造職場個人品牌

不用從根本上改變你的個性，去適應某一種企業文化的模式。肯定並善用你亞洲傳統文化中的人格特質，諸如負責認真、細心謹慎，和個人的專業技能強項，像是：分析統整、專案管理，打磨成你在職場上獨一無二的個人品牌。

除了埋首工作，更該積極地在每次的職場互動中展現自己的優勢，不要害怕行銷自己。不妨問自己：「團隊的高層了解我的能力嗎？同事知道我的優點嗎？」可以試著在每週下班前花點時間給老闆寫郵件，匯報自己的工作，並在開會時提出新的想法、向大家說明自己的工作成果，不斷為自己的品牌形象加值。

第三招：建立人脈網、尋找職涯導師

在公司內部建立良好的人脈，有助於加強你的個人品牌，有機會讓你的升職更順利，或找到下一個發展的亮點。透過幫助同事或跨部門合作時，與同事建立彼此信任的關係，畢竟公司在考量晉升員工時，都會在和你共事的

人之間做充分的調查。

另外，在公司內部尋找職涯導師，也可以為你帶來更高的能見度，因為公司高層之間彼此會進行很多交流，不妨仔細研究公司的組織架構，了解公司怎樣去定義領導人的特質，並找到你心目中的職涯導師。這個人也許是你的直屬主管，或是比你高兩級不同部門的主管。

建議要讓直屬主管知道你在找導師，若能得到主管的支持，他說不定還會幫你引薦適合的人選。找到導師後，表達自己希望能向他學習的意願，請教他自己應該在哪些方面著力，並與他定期會面。

美國職場就像這個社會一樣，是個文化大熔爐，歡迎「敢要敢拚」的世界職人去闖蕩。在國際職場，不妨擁抱文化差異，把「開放式思考與溝通」，內建成自己的專業素養，配合積極表達和「勇敢向老闆敲門」，相信有朝一日，你的努力都能被看見。

04. 「老白男」俱樂部的偏見

在矽谷，尤其是創投圈，性別偏見是存在已久的一道鴻溝。

2003年，年僅十九歲的史丹福大學中輟生霍姆斯（Elizabeth Holmes），成立了驗血公司Theranos公司，聲稱只要從指尖「抽一滴血，就能驗百病」。

憑藉雄厚的家族人脈和個人魅力，她向各界大佬、名人和政要募到資金：前國務卿季辛吉（Henry Kissinger）、前國防部長馬提斯（James Mattis）、媒體大亨梅鐸（Rupert Murdoch）等人，公司市值一度飆到九十億美元。霍姆斯一度被譽為「女版賈伯斯」，成為大膽突破界限的女性創業家楷模。

然而，這一切後來卻被踢爆「攏系假欸」！Theranos號稱革命性的新技術純屬虛構，霍姆斯被判有罪。無可否認的是，自Theranos創業神話破滅後，不少女性創業家面臨更多的質疑和挑戰。

女版賈伯斯跌落神壇，
對女性創業的衝擊餘波蕩漾

　　舊金山AI醫療新創公司Verge Genomics創辦人Alice Zhang表示，2018年Theranos被控涉嫌詐欺後，不只一次在募資活動被投資人和合作夥伴問到對霍姆斯的看法。「我公司的項目和Theranos完全不同，除了我們同為女性投身科學創業領域之外，我看不出任何相似之處。」Alice Zhang曾對紐約時報提及霍姆斯一案帶給她的影響。

　　家用醫療檢測新創公司EverlyWell的創辦人Julia Cheek，跟霍姆斯都是金髮白人女性，且年紀相仿，經常被圈內人拿來比較，同事和顧問甚至建議她染髮，以示區別。「這幾年我身邊的女性創業朋友，必須不斷回答這類假設性的問題，這是男性同行根本不必面對的！」女性創業家募資本來就困難，Theranos讓這個門檻變得更嚴苛。創投公司基於投射類比的心態，透過這樣的詢問為自己「打預防針」，想確認這些女性創業者的公司不會是下一個Theranos。

　　我不禁思考，為何男性創業家出包，比較不會被合作夥伴、顧問和投資者做出類推，波及影響其他同性創業家，甚至影響職業生涯？難道因為女性在創投圈是「少數

民族」，就該遭受這般有邏輯謬誤的質疑？

　　或許，這樣的差別待遇反映的是人們心中的認知偏見。

矽谷創投圈的性別偏見：
一個被老白男人主導的封閉生態

　　就我觀察，女性在矽谷創業圈實屬鳳毛麟角。調查顯示，美國前100大創投裡，只有不到10%的創投合夥人是女性。我跟矽谷人工智慧新創Taelor執行長「矽谷阿雅」聊到此案，討論到Theranos除了是矽谷"Fake it Till You Make it"（弄假直到成真）創業文化的反效果，某種程度這案子跟霍姆斯的女性身分沒絕對的關係，「投資人投的是霍姆斯背後的政商權貴和名人，其實跟男性創投家投給男創業者的公司是類似的道理！」

　　在Theranos一案中，投資人其實是投給自己心中的偏見——對誰擁有權力的一種成見。這是什麼意思呢？

　　從社會心理學角度出發，人傾向認同跟自己背景雷同的人，風險投資的世界也不例外。芝加哥大學商學院教授Waverly Deutsch的研究顯示，2020年近九成的風險資本資金仍投給白人男性成立的新創公司，其中女性、黑人和少數族裔的人數嚴重不足。

在矽谷新創圈有一個公開的祕密：創投圈又叫「老白男俱樂部」（boys' club）。因爲創投公司長久以來由白人男性主導，且集中在年長、高學歷的少數特定男性，可想而知大量資金不斷流向白人男性開的公司。

這類存於潛意識偏見的例子不勝枚舉：「女性創業的規模很難做大，她們的心態和格局適合做副手」、「女性必須照顧家庭」，這些典型商業世界的性別偏見在矽谷新創圈可說是屢見不鮮。

換言之，風險創投行業缺乏「多元性」（Diversity）的問題存在已久，想當然爾，當一個擁有巨大媒體影響力的女性創業家出包，對同性業者產生的投射作用便因此放大了。

給創投圈沉痛的一課：誰在投資人名單上不重要

我和矽谷某大家族VC基金的專業經理人也談及此案，當初霍姆斯跟她的公司pitch時，投資人認爲身爲一個執行長，霍姆斯確實符合所有的標準：史丹佛學歷、強大人脈資源、有明確的市場需求（血液檢測不便是長久的痛點）。幸運的是，在盡職調查（Due Diligence）階段，他們與一位有醫療檢測背景的史丹佛大學教授專家訪

談（Expert Call）時，即時發現Theranos的技術含量不過關。她的同事形容：「當初很幸運躲過一劫！」

如今回頭看，這個案子對創投的教訓是——任何在投資人名單上的名字都不具備任何意義，無論如何一定要做盡職調查。

實際上，無論投資人是對霍姆斯看似完美的profile有了先入為主的好感，或盲目相信並追隨她背後那些顯赫權貴的背書，說穿了都是採取相信「社會資訊」：這麼多大咖的政商名流都投了怎麼會錯？而沒有仰賴「個人資訊」做理性的分析調查。

多元化的新創生態2.0：女性、少數族裔和AI

回到「多元性」的問題上，近年來多元已成為美國和矽谷的流行詞，圈內人士也早看到應該要多提拔女性創投家、鼓勵女性創業，以及多雇用少數族裔員工，來平衡因組成分子過於單一造成的投資決策偏見。有趣的是，哈佛商業評論的研究指出，由男女合夥人共同組建的VC，投資組合的表現優於純男性合夥人的公司，出場率（exit）甚至能增加近10%。

這幾年，我的確感受到矽谷越來越多企業開始把多元

化列入公司政策，也有不少女性投資人培養的加速器出現。2018年，加州率先全美頒布一項法案，要求上市公司的董事會至少要有一位女性，否則無法批准IPO；2020年加州更進一步立法要求總部位於加州的上市公司董事會必須要有女性、少數族裔或LGBT成員。

在矽谷，現在開始有一些女性創投因為在公司裡爬不上去，乾脆自己出來開公司，有趣的是，這些女性創投公司投給同性創業家的比例，遠高於一般白人男性主導的創投公司。而除了女性整體創投資金量的提高，黑人和拉丁裔發起的基金數量也有增加的趨勢。

另一方面，為打破人心偏誤，有些創投公司開始引入AI（人工智慧）進行投資評估，以舊金山的SignalFire和斯德哥爾摩的EQT Ventures為例，他們利用演算法分析大量數據，創投根據AI給出的評分，決定是否要投資。諷刺的是，有研究分析AI投的公司其實沒有比人腦投的公司差，有的數據反而更好，因為比較沒有偏見。

不久的將來，或許女性、少數族裔和AI帶領的驅動力，會讓性別差異反映在投資機會的影響日漸消弭，或許就能及早偵測出如《惡血》（Bad Blood）女主角霍姆斯的瞞天過海。

05. 在矽谷不做科技業，不會餓死嗎？

「我剛辭去在矽谷臉書的工作，現在是全職自由作家和品牌經營顧問。」

「Nicolle，你瘋了吧，放著高薪的工作不做，不怕將來後悔嗎？」每當我自我介紹時，總不免引來身邊朋友瞪大雙眼，一臉擔心地問我。

我爸甚至直接說：「真可惜，你跟老闆關係不是很好嗎，來得及把工作要回來嗎？」

被問了不下數十次後，我意識到，從小的教育到出了社會，我們不斷被灌輸：以工作和頭銜劃分一個人的階級地位。從台灣、德州到矽谷，職場打滾十多年下來，歷經各種規模的公司，和來自世界各地的人才交手過，我認為答案是「未必」，且多數情況是否定的。

以我個人經驗，一路上我遇到頂著名校和大公司光環的人，大部分的確名符其實，但少數的狀況是：最好的公司出來的人，有可能也是渣男或欠一屁股卡債。包括我

自己，有些人有時深夜躺在床在，必須有人在你耳邊低語「呼吸，吐氣，你是安全的」，才得以進入夢鄉。

然而，在矽谷和美國，大家很習慣「財務自由，提前退休」的生活型態。矽谷原本自行創業的風氣就盛，新冠疫情帶來的混亂和機遇，更是掀起一波科技人的離職潮，在2020年迎來「創業熱潮」。這批年輕人不願走傳統的職業道路，對工作缺乏成就感、社會安全保障降低的現象，希望做出改變。因此他們拚命存錢，節省開支，希望提前幾十年結束工作。有些人跟我一樣，投入了自媒體創業，成為播客、YouTuber，開了自己的線上課程，成為某一領域的教練，朝著自由無拘的生活前進，顛覆了傳統的職涯路徑。

因為做自媒體，我認識一群不在科技公司上班的朋友——畫家、作家、花藝師、舞蹈老師、剪紙藝術家、服裝設計師……，他們當中有些還是我的客戶。矽谷從來都不是文科生和藝術家的天堂，他們的報酬不比任職於科技公司的人高，他們不容易在矽谷找到同行，組成互助社群。矽谷高額的住房壓力，不利於藝術家生存，而貧乏的文化活動，更不能提供豐沃的創作養分。

他們必須孤獨地追逐自己的熱情，靠自己堅強起來。

我認為這種堅強程度，不遜於科技公司的創辦人和執行長。一開始，我以為這群人的生活是拮据的，沒有穩定的醫療保險。但深交後發現，這些外在的物質條件，遠遠不及他們從熱愛的「志業」中獲得的成就感和快樂——那種精神層面的深層富足感。

他們之中大部分的人都有兩份工作，靠著有穩定的收入，支撐他們對志業的追逐。憑藉著不斷嘗試，持續充實自己和開拓客源，他們挑戰創意領域的極限，最終他們多半能在矽谷立足並實現夢想。

你或許很想知道他們如何堅持下來？並在各自的領域發光發熱？

辭掉百萬年薪的矽谷私廚

我的日本朋友Emile，是矽谷某大上市公司執行長的私廚，Emile能自由出入執行長的豪宅，時薪不比科技新貴遜色，還有豐厚的紅利。先別羨慕，Emile一週工作六天，凌晨五點起床，下午三點才能吃上一口熱菜熱飯。休息兩個小時後，又開始絞盡腦汁規劃隔天的菜單，每週還得去舊金山的高檔農夫市集採購食材。

Emile做這份工作不僅僅為了錢，而是為了她的料理

夢，「在日本做餐飲太辛苦了，完全沒有休息時間和自由發揮的空間。」日本餐飲業走學徒制，就算乖乖認命當多年的學徒，也不見得有獨自挑大樑的機會。Emile當初來美國念語言學校，因著對料理的熱情，而留了下來。即使遇人不淑，歷經難纏的離婚訴訟案，她還是挺過來了。幾年後，Emile利用私廚工作攢下的錢，創立了一個pop-up實驗廚房，主打日式小吃創意料理。然而私廚工作異常吃重，幾乎瓜分掉她全部的時間，所以雖然生意不錯，規模始終無法擴大。

執行長一家非常喜歡Emile的廚藝，因此當他們要搬去舊金山時，開出優渥的漲薪條件，希望Emile繼續為他們服務。於是她雖本有辭意，又這麼做了三年。但高薪的私廚工作，逐漸無法為Emile帶來成就感，「私廚說穿了就是私人女傭，只是時薪高一些罷了，我必須滿足客人所有的要求，我漸漸覺得沒有一絲發揮創意，或嘗試新技法的機會。」Emile最終辭去私廚工作，幾年下來，日復一日的重複性工作並沒消磨她的夢想，Emile矢志在矽谷開設自己的餐廳，把日本小食的精髓發揚至美國。

幾年後，Emile的餐廳夢總算實現了。多年的私廚工作，讓她存下一筆錢。有了資金和時間，她全力投資到pop-up實驗廚房，短短不到一年，實驗廚房擴大為日式

無菜單餐廳，營收和規模都緩慢而穩定地成長，還在YouTube開設了頻道，教人做菜，成為料理網紅。最令人欣慰的是，上次我見到Emile時，她一個人快樂地在農夫市場採買食材，臉上露出加州暖陽般自信的笑容。

科技高管轉行健身教練

好友Roy，憑著中東區的亮眼業務和過人管理能力，三十二歲就當上台灣創見（Transcend）的北美分區GM。入行十年，頂著令人稱羨的薪酬和耀眼職銜，他卻在三十八歲近不惑之年時，毅然轉行投入健身產業。看似出人意表的選擇，背後是對矽谷科技職涯的深入研究後，所做的理性抉擇。

他思索若跳槽去別家科技公司，以業務來說，職業的最頂標就是做到業務副總，他對此興趣不大。如果不想平行移動，便是在目前的崗位繼續做下去，縱使頭銜是北美分公司總經理，但這跟公務人員有什麼兩樣？況且這份工作還得早起貪黑、瘋狂出差，犧牲個人健康與生活品質。於是，Roy評估個人興趣專長，和理想中的生活樣貌。他發現疫情後，矽谷上班族的工時變長，腰酸背痛、身材走樣的人口激增，他認為商機在於結合醫療醫學的健身訓練，於是做了財務試算，有信心兩年內能超過目前薪資水

平，便一股腦去做了。

Roy迅速取得美國運動醫學學會，和懸吊系統等四項認證，創辦了5S Training Lab，並與脊椎醫生與中醫師合作，客製化每位學員的健身計畫。他不與主流市場競爭，鎖定亞裔的利基市場，短時間內就做的有聲有色，最高峰每週有五十位學員，一年內收入已達到之前科技高管的水平。

卸下我的金手銬，自媒體微創業

我身邊也有許多隨老公嫁來矽谷的朋友，零海外經驗的他們，在人生地不熟的矽谷，選擇跨出舒適圈，追逐自己的藝術創業夢，從地方太太（媽媽）的身分，成為小型事業體的經營者。例如：Davia Bouquet網路花店的Sylvia、Ema's Table選物店的Eva，還有舊金山服飾店創辦人Mute by JL等等。她們憑藉對各自領域的熱情，和「做了再說」的勇氣決心，生意蒸蒸日上，開啟異國生活的新篇章，擁有自己的事業和生活重心。

至於我，研究所畢業後，成為美國的職場新鮮人，到後來經營自媒體品牌，2022年成立「你可學苑」，成為品牌經營顧問，一路走來並非一帆風順。該走的彎路，碰

到的鬼怪妖魔，和驚險奇葩的人事物，從未少過。矽谷新創和跨國科技巨擘的工作經驗，讓我得以一窺矽谷獨有的工作文化，和光怪陸離的科技圈生態，我得以看清自己志不在此；我曾有機會被拔擢爲管理職，但管理職並不適合我，也高攀不起這座晉升的階梯，成爲股票期權的金絲雀。

我一直知道蒼白的辦公室，無法容納我的夢想，經過一番掙扎，辭去矽谷穩定的工作、成爲自己的老闆後，我感到前有未有的平靜和自由。種種一切讓我體認到，職場旅途上累積的經驗、技能和存款，配合理性投資理財，讓我有幸能將興趣變現，逐漸走向生活自在、財富自由之路。

有趣的是，爬梳這段旅程，無論是邊工作邊寫書、做自媒體，和推出「你Ker這樣說」podcast，以及目前籌備線上課程，我都是在一知半解的情況下就先把頭洗下去，因爲不會有完全準備好的那一天。況且現學現賣、邊走邊學，比馬步紮穩再開始，要有趣多了。「Start small, but start now」開始，就成功了一半！

言歸正傳，在矽谷不從事科技業也混得不錯的人，其實大有人在。因著科技業的火熱，矽谷是一個不斷成長的

市場有機體，消費需求強勁。因此充滿理想、具有實力的非技術人才，甚至是藝術家，若能擁有精準的市場眼光和不放棄的決心，也能在科技掛帥的矽谷闖出一片天。

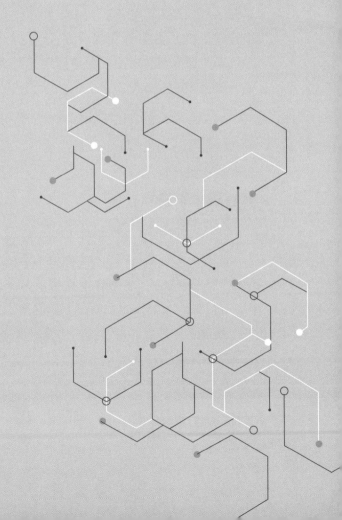

PART 3

解密矽谷叢林
生活傳說

00. 搶房大戰

　　朋友得知我住在矽谷時，第一反應往往都是：「你好幸運，那裡是天堂吧！」初來乍到的我，的確覺得我何其幸運，能搬到全世界氣候最宜人居的加州，藍天白雲綠地，不乏亞洲美食，更何況這裡地靈人傑，孕育無數知名的科技公司。

　　但事情並不像外界看似的簡單，在這天堂島找房子如同打仗。

矽谷居大不易

　　從南灣到舊金山的狹長半島，是科技公司的集中地帶，也是一般俗稱的矽谷。這裡一年四季氣候宜人，三面環山、一面臨海，並處於地震帶上，土地面積本來就有限，加上每年有大量人才湧入矽谷的科技公司，這些科技人才薪資高，帶動矽谷整體的房價，造成房屋供不應求。

根據調查，矽谷灣區連續好幾年名列全美難以負擔買房的第一名，就以2022年來說，在矽谷平均買一間房子要一百四十萬美金，而美國平均房價是三十三萬美金。

矽谷坐落在加州北部，是舊金山以南到聖荷西（San Jose）之間一段三十英里長，由多個縣市組成的狹長地帶。矽谷每個城市緊緊相鄰，但每一區各有特色，不同族裔的人各自生活在不同的區域。島上貧富差距嚴重，四分之一的人口占有了該地區超過92%的財富。基本上越靠西邊帕拉阿圖的城市房價越高，而越往東房價越低。

矽谷華人和印度人口的比例高，這兩個族裔特別重視孩子的教育，造成「學區」成為買房的關鍵因素之一，也牽動著房價。帕拉阿圖和庫比蒂諾（Cupertino）是島上公認最適合育兒和成家的城市，擁有頂尖學區，房價極為昂貴。而蘋果公司總部所在地的庫比蒂諾，生活機能良好，華人超市、餐廳、補習班一應俱全，是華人首選的城市。

You are where you live

搬來矽谷前，我們在德州休士頓的一房一廳公寓，採光良好，二十三坪大，一個月租金美金七百元，還包水

電、附車庫。但在矽谷，我們租的公寓同樣一房一廳、面積只有十八坪，租金卻要美金二千五百元，且價格每年會上漲一成。算一算這租金簡直可以付每月的房貸，我們計畫在矽谷長期定居，多方考量後，我們決定買房。

搬來矽谷後，我在聚會和派對上，每次都會被問到我老公是做什麼的？我在哪家公司工作？我念哪一間學校？以及我住哪一區？詳細到有如身家調查。我意識到矽谷人透過這些問題，迅速判斷一個人的身家，評估要把這個人放在哪一個位置。

「我住在庫比蒂諾，靠蘋果總部很近，你也住附近嗎？」

「不是欸，我住桑尼維爾（Sunnyvale）。」

「喔……桑尼維爾交通很方便，對了，你們是哪一年買的房子呀？」

「我們現在是租房子。」

看對方沈默了三秒鐘，我趕緊接話：「但我們計畫要買房！」第一次聚會時的對話就像這樣。

每當我告訴別人我們在租房的時候，隱約感受到一絲

微妙而複雜的漣漪泛起。

住哪裡，是租房還是買房，買房是自住還是投資，這些選擇有如無形的分水嶺，甚至是一種身分和地位的象徵。在矽谷和很多世界其他地方，租房子的人代表生活品質比較低、付不出房子頭期款，總之就是低人一等。

在天龍國看房

我和老公以搬去庫比蒂諾爲目標，我們當時結婚三年，正計畫有自己的孩子，庫比蒂諾居住環境絕佳，交通位置居中，被稱爲「矽谷的心臟」。這個城市有很多優秀的公私立學校，光是滿分的公立學校就有十四所，《富比世》雜誌把庫比蒂諾列爲教育品質最好的小城之一。除了學區的考量，老公的辦公室位於庫比蒂諾，矽谷上下班尖峰時刻塞車嚴重，若能住在庫比蒂諾，可以省去不少通勤時間。

我們懷抱期待的心情去看open house，美國的open house在週末，這一天房子不需預約就可以參觀，賣方仲介會在現場展示房子，回答買家的問題。沒想到到庫比蒂諾每一個open house，一進去都人滿爲患，有二十幾組買家搶著要看房子，大家亂鬨鬨地對房子品頭論足。

好不容易等了半小時，我們總算跟賣方仲介聊上幾句，「請問屋主為什麼要賣房子？」賣方經紀人是位印度中年婦女，打量了我們一眼，淡淡地說了一句：「你們拿到Pre-approval letter了嗎？」

「蛤，什麼是Pre-approval letter？」

Pre-approval letter是房貸預審證明，原來在房市火熱的市場，矽谷很多賣家，尤其是價格很貴的高檔住宅，根本不願意接納沒有房貸預審證明的人看房，省得浪費時間。房貸預審證明等於是看房的入場卷，賣方仲介想知道「你有沒有能力貸到足夠的款項」，確定你不是來亂的。

我們的看房之旅一開始就碰一鼻子灰，看來我們得做足功課，找個房屋仲介，免得又不得其門而入。

五花八門的競標奇招

朋友S推薦她的仲介Gordon給我，第一次會面時，Gordon幫我們做了「矽谷房產101介紹」，才知道原來我們是在矽谷最貴的地帶找房子，現在景氣正好，矽谷是一個異常火熱的賣方市場，買家只有任人宰割的份。我們的預算有限，又想買學區好的獨棟房子（single house），能看的房源有限。

好幾次我們好不容易看中的房子，一上市就被「秒殺」，不到兩天就顯示「已被人訂走」，Gordon要我們做好心理準備，「矽谷一棟房子至少有十個以上的買家，不加價根本不可能買到，房屋最終出售價都比掛牌價高出幾十萬。」重點是這些房子開價都一百多萬美金，但內部老舊，牆壁泛黃，屋頂需要換，同樣的預算在德州休士頓足以買到有游泳池的豪宅。

　　連續看了一個月的房子，我們不斷降低標準，最終瞄準一間價格較低的透天厝（townhouse），這間房子學區和格局都好，我們看完房隔天準備下標，結果沒想到，賣方房仲說：「不好意思喔，房子已經賣出去了。」

　　「什麼？？？」我一頭霧水地問。

　　我們完全沒被通知，也沒參與競標流程，只因為昨天看完房子，有強國的買家直接私下開價，開出比定價高出10%的offer，還是「全現金」一次付清，屋主急需用錢，就決定賣了。

　　萬念俱灰之下，我們聽從Gordon的建議，放寬看房的區域。由於庫比蒂諾是一級學區，強國人最喜歡帶著現金來這裡搶房。我們銀彈不夠，那就退而求其次，改看位於東邊的米爾皮塔斯（Milpitas），這一區學區很好，生

活機能完善，價格較親民，只是因為有垃圾掩埋場，市區三不五時會聞到一股垃圾腐臭味，不受天龍國矽谷人待見。我們重整旗鼓，目標鎖定米爾皮塔斯最東側靠山的住宅區，此區離垃圾掩埋場較遠，不太容易聞到臭味。

接下來幾個月，我們經歷一連串瘋狂的買房競標大戰。競爭並沒有因為非熱門地區而減少，到處都是來勢洶洶的買房大軍，我們在米爾皮塔斯前後出價兩次都沒成功，我們已盡可能提高首付比率、縮短交易時間、答應賣家提出的所有條件，並放棄一些偶發條款（contingency），也在二次競標時加碼5%金額，但總因「奇葩」的買主而鎩羽而歸。

有一回，買家寫了一封情真意切的「情書」給賣家，還附上學歷證明，證明自己和屋主一樣都是史丹佛畢業的，還許諾要以賣方的名字命名他第一個孩子。賣家可能是性情中人，竟然選了他而放棄我們出價最高的offer。另外一次買家打聽到賣家要搬到別的城市，主動提供賣家搬家服務，還願意免費讓屋主住兩個月，讓他們有更多時間準備搬家。

只能說在矽谷買房的這場仗，得不斷打怪，提防敵人出奇不意的險招。

矽谷傳說臥底報告

在花了半年和其他人瘋狂競標，我們最終以一百一十萬美金，買下米爾皮塔斯三房兩廳、大約四十五坪大的房子。

01. 住在六千萬的豪宅，遊民是鄰居

　　Hans剛搬到庫柏提諾的新家，這裡是矽谷頂尖學區，一戶房子動輒六千多萬台幣的豪宅區。週末早晨，Hans在鳥鳴聲中甦醒，泡了咖啡，走到前院拿報紙。不料一打開門，只見一個衣衫襤褸、渾身惡臭的流浪漢，大剌剌地躺在庭院，一動也不動地睡得香甜，還打著鼾。Hans驚惶失措，不敢驚擾這位貴客，連報紙也忘了拿，急忙關上大門。

　　以上是發生在我的中醫身上的真人實事。

雙城記

　　矽谷是一個充滿矛盾的地方。這裡擁有全美最昂貴的郵遞區號，無數億萬富翁以矽谷為家，卻也有兩成多的居民生活在貧窮線以下，他們棲身街上、高速公路的路肩，以帳篷為家，過著有一餐沒一餐的艱苦日子。

　　貧富懸殊的雙城記，每天在矽谷上演著。

　　矽谷核心城市聖荷西市（San Jose）曾有全美最大的

遊民聚集地——叢林（the Jungle），三百多名流浪漢沿著一條小溪在兩岸紮營，他們用溪水做飯洗澡，這片遍地垃圾的貧民窟，距離谷歌總部不過二十分鐘車程。2014年底聖荷西市政府下令清除「叢林」，但問題並沒有根除，這些遊民在附近捲土重來，搭起了新帳篷。

蘋果總部所在城市庫柏提諾，流浪漢的帳篷，幾年前在交流道旁的街道排成一排，空氣中混合著大麻和尿騷味，地上隨處可見大小便和針頭，超市購物車上堆滿了破舊的衣物和垃圾。而在咫尺之遙外，年薪破千萬台幣的科技菁英們，住在一百多坪大、帶泳池和後院的豪宅，他們已經習慣和流浪漢比鄰而居的生活。

在矽谷的遊民圈之中，有一個「移動的酒店」大受歡迎，只要花個幾美元，就能在二十四小時營業的巴士上度過漫漫長夜。這班22路公車往返於聖荷西和帕拉阿圖之間，白天是高薪的矽谷工程師的通勤工具，夜幕低垂後，搖身一變成為遊民的臨時庇護所，因此被稱為Hotel 22。有些乘客不見得是吸毒或精神不正常的遊民，而是被科技公司裁員的員工，因為找不到工作被房東趕了出來，以致流落街頭，對他們來說，能遮風避雨的Hotel 22，就是最奢侈的享受。

根據2019年的統計，矽谷聖他克拉拉縣（Santa Clara）境內無家可歸的人數高達9706人，短短兩年內增加三成，光是聖荷西市就有6172名流浪漢。而新冠疫情爆發之後，由於市府裁減預算，停止清除遊民營，遊民的問題更加嚴重。

我在矽谷生活了將近十年，目睹科技公司華麗的新總部一個個落成，遊民搭起的帳篷卻也越來越多。矽谷灣區是全美貧富差距最大的地區，根據2021年的調查，矽谷居民平均年收入為十七萬美金，與同地區服務業工人的平均年收入三萬一千元美金相比，高出整整五倍以上。

矽谷擁有世界上最集中的億萬富翁，但人們無法利用鉅額財富，與開發科技產品的獨創性，來解決這片土地最嚴峻的挑戰——缺乏平價房屋和根深蒂固的遊民問題。

科技只能讓少數人富有

你可能想問，究竟矽谷灣區的遊民問題從何而來？

這幾年隨著科技公司的蓬勃發展，世界各地的人才湧入矽谷尋找工作機會，導致當地房價不斷飆升。美國房地產公司Zillow的最新數據顯示，矽谷一棟房子的平均房價高達一百四十萬美金（約台幣四千萬），每月平均房租三

千美金（約台幣九萬），扣除生活開銷，一個人年薪至少要十萬美金才能住得起矽谷。

房價、租金水漲船高的同時，平價房屋的供應卻嚴重不足，工薪階級就算一個人打好幾份工，也付不出房租，最終成爲無殼蝸牛。即使加州政府已經調高最低時薪，高於聯邦政府的基本薪資，但還是沒辦法緩解這種情形。

加州大學舊金山分校的醫生、研究灣區無家可歸議題的學者Margot Kushel認爲：「這是灣區不平等現象的惡夢場景，低收入工作消失，造成更多人失去家園，但因爲科技業表現良好，房價居高不下，其他人都無法獲得住房。」身爲世界高科技產業的重鎮，矽谷對勞動力需求的標準較高，低端產業工作機會相對較少，這也變相導致沒有受過良好教育的人很難在這裡生存，最後淪爲遊民。

英國知名物理學家史蒂芬霍金 （Stephen Hawking）也曾表示，認爲科技業只讓少數人變得極爲富有，大部分的人還是十分貧窮。

遊民只是沒有房子的人

矽谷灣區長期的遊民議題，一直是政府施政的焦點，也是當地民眾關心的焦點。

2021年9月，加州政府決定大刀闊斧處理這個問題，宣布擴大加州「家居鑰匙」（Homekey）計畫，由政府購買旅館、公寓樓和小房屋，改建成遊民的永久或臨時收容所。此一政策遭到矽谷居民的強烈抗議，反對政府在交通便利、人口稠密，周遭有學校和住宅區的地點設立收容所，「這無異是引狼入室，不是歧視遊民，我們有知情權，希望市府重新選址。」

　　建造遊民收容所對於當地社區治安的衝擊，一直是「家居鑰匙」計畫難以推動的因素之一。我個人對於縣議會最終通過這個計畫也感到矛盾，一方面我為遊民能找到一個長期居住的家感到欣慰，另一方面擔心會影響附近社區的治安。

　　或許，**當我和多數人在街道下意識閃躲遊民，選擇眼不見為淨時，反映的是我對無家可歸的人的刻板印象，也就是我心中隱形的高牆。**

　　但仔細回想，在我個人和周遭朋友的經歷中，沒有任何人曾遭受到流浪漢的騷擾或攻擊，我曾和一位擔任遊民志工的朋友Penny聊過，了解到多數的遊民其實是無害的，他們並非自願成為流浪漢，而是因經濟或健康因素，以及負擔不了日益高漲的房租，而被迫流離失所。

矽谷的遊民問題還有很長的一段路要走。**當我願意走出心中的那道牆，試著以同理和尊重的角度，去看待跟我截然不同的世界時，我發現所謂的遊民，其實只是「沒有房子的人」，他們遭遇到的問題，有房子的人一樣也會遇到，只是有房子的人更有能力處理這些問題。**

02./矽谷億萬富翁的殖民社區

　　史密斯夫婦的家位於矽谷阿瑟頓（Atherton），這是一個橡樹環繞、田園詩般的恬靜小鎮。他們剛聘請一位英國籍的保姆，照顧不滿五歲的兒女。史密斯先生是矽谷網路上市公司的執行長，太太則是一家網路寵物商店的創辦人。

　　這對夫婦擔心保姆無法適應他們步調明快的生活節奏。與保姆的例行週會上，史密斯太太：「一切都好嗎，你覺得這份工作如何？」保姆說：「大致都上手了，只是我不太習慣在沒有私人糕點師的房子裡工作。」

　　以上對話是我的私廚朋友M轉述的，這位保姆的前任雇主也是矽谷的科技大亨。

　　私廚朋友是這位保姆的同事，他們工作的小鎮很特殊──鎮上沒有餐廳、咖啡廳和商店，只有橡樹林立的大道，以及一座座被高聳的磚牆和樹籬掩映的超級豪宅。透過高牆的縫隙，你勉強能瞄見深不見底、一萬五千英尺房屋的一角，還有一個個監控攝像頭。這顯然是一個封閉式

　　　　　　　　　　　　　　　矽谷傳說臥底報告

的社區，就像是堡壘般地和外界隔開，一切都受到加密保護，只差沒有護城河了。

綠樹成蔭的小社區

正如影集《飛越比佛利》所說：「某些郵遞區號是閃閃發光的財富中心，每個街區都座落著巨型豪宅，只有最富有的人才買得起。」

事實上，阿瑟頓不只位於矽谷的心臟，也是全美的財富和權利的中心。阿瑟頓到底在哪呢？它位於舊金山以南約四十五分鐘車程的地方，開去谷歌、臉書和特斯拉的總部都不到二十分鐘。

從外觀上看來，阿瑟頓毫不起眼，就像是美國任何一個豪華的郊區。甚至與比佛利山莊、紐約上東城相比，還遜色不少。在阿瑟頓，藍寶基尼或勞斯萊斯並不常見，居民的代步車是特斯拉，或一般的油電混合車。鎮上圖書館沒有提柏金包的貴婦，只有穿露露檸檬（Lululemon）瑜伽褲、腳踩平底鞋的女人。男主人的標準搭配則是連帽衫、夾腳拖和蘋果筆電，這些人看起來就跟你鄰座的同事沒兩樣，只是年紀可能稍長。居民的日常午餐不是米其林餐廳，而是無麩質的有機沙拉，男士們熱衷的休閒運動是

騎單車，他們的妻子則在附近的農場騎馬。

但只要深入一點地走進去，你就會發現這個地方很不一般。

雖然居民都說自己「住在一個不起眼、綠樹成蔭的小社區」，但這個占地5.6平方英里的小社區，即使是普通的房子也能賣到數百萬美元。根據美國彭博社的資料，郵遞區號94027的阿瑟頓，平均家庭收入超過五十萬美元，是美國平均水平的八倍。更誇張的是，這裡的房子均價八百萬美元，連續第六年成為美國最富有的城鎮。

阿瑟頓是矽谷重量級人物的故鄉，小鎮的聲望、隱密性和靠近科技公司，讓這裡成為億萬富翁的最愛，吸引身家雄厚的科技創辦人在此定居或置產。包括臉書執行長雪瑞·桑伯格（Sheryl Kara Sandberg）、前谷歌董事長埃里克·施密特（Eric Emerson Schmidt）、惠普前首席執行官梅格·惠特曼（Meg Whitman），以及NBA球星史蒂芬·柯瑞（Stephen Curry）在內的富豪，都曾以阿瑟頓為家。

用金錢換取家的感覺

回到私廚朋友M的故事。有一次我陪M去矽谷山景城的農夫市場採購食材，只見M挑的都是些尋常的蔬果乾

貨，像是萵苣、雞蛋、番茄、義大利麵，雖然都是有機的，但不見什麼名貴食材如魚子醬、鵝肝之類的，實在不像全美頂尖1%有錢人吃的東西。

我好奇詢問：「買這些食材不會太寒酸嗎？」M一臉淡定地說：「執行長一家非常好伺候，一開始我也以為要端出法式蝸牛，才能符合他們的口味，顯現我高超的廚技。」看我一臉不解，M繼續解釋，但每週執行長太太開出的菜單，不外乎凱薩沙拉、日式煎餃、義大利肉醬麵、美式烤雞這類家常菜色。

後來我才明白，有錢人花重金聘請私廚，為的不是吃米其林貴鬆鬆的料理，而是還原一種「家的感覺」，製造一種「家常感」。執行長太太要M做她的替身，為白手起家、日夜工作的執行長，烹煮從小愛吃的家常菜，而她不到五歲的稚子，喜歡的菜色自然是雞塊、炒飯、通心粉這類平易近人的日常食物。執行長太太還特意要求「擺盤不要太整齊，要有剛從廚房端出來的煙火味」。然而，雖說是家常菜，像生鮮魚肉這類食材，執行長太太可是指定要產地每週直送，品類也是最高端的等級。偶而，執行長會要求做出一些異國料理，像是摩洛哥塔吉鍋、法式紅酒燉牛肉，M就知道一定是他去歐洲旅遊時吃到什麼好料了。

如果你好奇矽谷科技高管一天的行程，可能會有點失望。因爲這位執行長過著如同苦行僧的嚴格規律生活，每天早上六點起床，吃早餐、運動，從七點一路工作到中午，然後狼吞苦嚥吃著M準備的越南河粉，只爲了在半小時內結束午餐，回去開會。晚餐後，執行長和太太再工作三到四小時，因此晚餐的份量她會準備地更豐富，一定有兩道前菜和無澱粉的健康點心。

　　M說執行長爲了「保護隱私」，她不得使用他們的廚房做菜，得在聖荷西的家事先做好，用特殊方法打包、開四十分鐘的車送到執行長的家，再用他們精美的餐具，加熱後親自上菜。「每天的中餐就像打仗似的！」執行長非常重視家庭，儘管只有短短的半小時，也堅持午餐一定要一家人在餐桌上共享。爲配合執行長的行程，M必須在半小時內爲全家上完前菜和主菜，一開始上工時手忙腳亂，後來她研發出容易定型和盛裝的餐點，一到現場加熱後就能立即開動。

　　在這個極端追求效率的地方，對矽谷高管來說，「時間」是最稀缺的資源，他們願意花大把的鈔票聘請私廚、保姆、特助，就爲了省下時間，換取和家人多一點時間的相聚，或及早回到電腦前工作，或是下了班能運動一下。

家庭保密協議

矽谷科技權貴不但在商場上將「保密協議」視為聖經，私下裡也要求所有進入他們私人領地的人，包括私廚、園丁、司機，乃至尋常的親戚朋友拜訪，都必須簽訂「家庭保密協議」（domestic non-disclosure agreement）。有一次執行長辦了一場科技名流的聚餐，我原本要為M打下手、端盤子，只因來不及簽署保密協定，就被硬生生踢出服務團隊了。

這份合約不但要求對我們的所見所聞，和所做的一切保持沉默，從我們吃的食物、女主人的髮型、房屋平面圖的細節，甚至油漆的顏色和花園灌木的造型，也必須一個字都不能對外吐露。更離譜的是，連M的履歷上都不能放執行長的姓名，離職後也奏效，等於是簽了終身有效的賣身契。

為了讓這群金字塔頂端的人，連社交休閒時都受到嚴密的保護，阿瑟頓設有一個私人社交俱樂部Menlo Circus Club，裡頭有馬術中心、游泳池和網球場，據說入會要秀資產證明，門檻高到不行。

這麼做的原因是什麼？

當然不僅僅是為了隱私，科技高管們掩飾自己的財富和高端的生活方式，某部分原因是避免引起普羅大眾的「公憤」。灣區可是有日益嚴重的住房危機，民眾氣勢洶洶到街頭抗議，苗頭指向科技公司迅速擴張、創造了大筆財富，卻導致住房成本飆漲和有房子的人減少。

因此，「公開炫富」不存在於矽谷有錢人的DNA，他們刻意保持低調，在外絕不使用有奢侈品牌logo的物品，在媒體前也鮮少談論投資等議題。他們不崇尚名牌，時尚準則以實用為考量；與其呼朋引伴、辦派對炫富，他們更願意把時間拿去跟家人度假。絕大多數的阿瑟頓科技富豪，都非常努力工作且非常成功，他們樂於炫耀自己的「忙碌」，以及腦袋裡的知識或創業點子。當然，這群人偶而還是會在私人社交圈展示羽毛，女士們談論著私人訂製鑽戒，男士們分享收藏的名畫或葡萄酒。

如同紐約的有錢人夏季前往漢普敦的別墅，矽谷有錢人也有一套季節性遷徙儀式。

這些科技巨頭富豪們的公司，多半位於舊金山、帕拉阿圖或聖荷西一帶，他們選擇在半島地帶置產，打造成鄉村風格的莊園。每年夏天，與其大老遠飛去夏威夷，他們

選擇和家人在半島「避暑」，好就近照顧正急速發展的新創公司；半島的天氣，比霧氣籠罩的舊金山要溫暖許多。冬天，他們去歐洲度假，行程一定包含滑雪、健行或騎馬這類健康的儀式。

獨特的住宅分區法

「阿瑟頓是全美最昂貴的郵遞區號，因為居民將自己設計成那樣」有一位灣區的住房提倡者曾這麼說。阿瑟頓的城市周圍，的確沒有地界把它和外界隔開，是裡面的居民刻意為之。

矽谷不乏科技菁英所殖民的專屬社區，例如伍德賽德（Woodside）和希爾斯伯勒 （Hillsborough），但目前為止阿瑟頓的「殖民政策」落實得最徹底。受惠於與眾不同的住宅分區法，加上當地相對寬鬆的法律，阿瑟頓得以規定社區單戶住宅面積至少一英畝。附近的希爾斯伯勒社區的要求是半英畝，因此阿瑟頓的屋主可以建造比其他城鎮更大的房子，對於如此昂貴的地段來說，只有最有錢的人才有財力搬進來。

再者，阿瑟頓完全沒有商業用地，5%是公園，6%是學校和警察局，對於寸土寸金的灣區來說，非常奢侈。與

其說這裡是社區，阿瑟頓更像金字塔頂端1%的私人開發項目。所以M跟我說，在這裡工作的警察很可憐，由於房子太貴，有些警察的單趟通勤時間長達兩小時，相比之下她幸運多了。

若你問阿瑟頓居民這麼做的原因，他們會說：「我們非常重視阿瑟頓的社區特徵。」加州法律要求所有縣市充分規劃，以滿足社區「每個人」的住房需求。多年來，阿瑟頓的居民一直以「社區特徵」為由，宣稱開發高密度、高樓層的住宅或商用建築，會破壞阿瑟頓半鄉村的風景，和開放空間的特徵。美國很重視保留社區的特色風貌，這群富豪們在政府和輿論壓力下，優雅地展現他們的政治權力和手段，將需要負擔的經濟適用房單位，分配給附近的城鎮。

以此區最貴的房子為例，裡頭有六間臥室、九間浴室、一間電影院、水療中心和游泳池，還有法式石地板，以及百年歷史的內門，都是屋主花重金重新裝潢或保留的。WhatsApp的聯合創辦人Jan Koum，在阿瑟頓購買近六千萬美元的房產，打造成一座由六棟建築組成的巨大豪宅，其中有兩層是車庫，用來存放他的名車收藏品。

上述例子是單一事件，但阿瑟頓的有錢人的確有能

力，在同一街區買下幾套房子，來打破單戶分區法的限制。按照單戶分區的規定，屋主只能建造單戶獨立式住宅，禁止多戶住宅，這在人口稠密的灣區行之有年。美國許多城市的富人區都以類似的方式進行分區，但阿瑟頓無疑是最成功的案例。

如果有一部影集，以矽谷阿瑟頓為背景，片頭應該會出現這句話：「某些郵遞區號是閃閃發光的財富中心，每個街區座落著巨型豪宅，只有最富有的人才能確保外人進不來。」

03./ 爬藤家庭

　　矽谷庫柏提諾的De Anza街上，聚集著數十家的補習班，從SAT/ACT（美國大學入學考試）、數學、鋼琴，到游泳、舞蹈、繪畫、書法等，種類琳瑯滿目，應有盡有。斗大的中文招牌「小天才兒童教室」、「琴韻音樂班」等，和周遭的英文招牌相映成趣。

　　庫柏提諾的De Anza街是矽谷補習文化的一個縮影。這條街當地華人管它叫「補習一條街」，像這樣的補習街，矽谷共有三處，另外兩處位於史丹佛大學附近的帕拉阿圖，和東灣的費利蒙（Fremont），這些地方都是頂級學區，也是亞裔家庭聚集的社區。

　　隨著一波波的矽谷亞裔移民潮，這些父母將亞洲獨有的風俗「補習」也移植過來，一個個補習班如雨後春筍地冒出來。美國勞工統計局2017的數據顯示，加州的橘郡（Orange County）、聖他克拉拉縣和洛杉磯縣，共有861家這樣的補習中心，這數字現在想必又更高了。

　　這些父母頂著名校光環，當中不乏公司CEO、高階主

管、醫生、律師和連續創業家。亞洲父母望子成龍、望女成鳳，他們的完美主義，也展現在孩子的教育上。在這個高度競爭的小世界，培養出成功的孩子是地位的象徵，可以反映出父母的身分地位。他們從孩子四歲起，就開始進入「爬藤」的軍備競賽——砸重金買學區房、拚私校、超前學習、各種補習，目的就是把孩子送進常春藤名校。

比CEO還忙的高中生

Bill是庫柏提諾哈克學校（The Harker School）的高一學生。這所高中是矽谷著名的私立貴族學校，大學名校錄取率領先群雄，學費五萬六千美金，快逼近私立大學的學費，卻是菁英家庭有錢也不一定進得去的學校。

Bill每天三點下課，放學後，他要參加奧林匹克科學社團，接著是橄欖球訓練。匆忙吃完晚餐後，趕緊寫家庭作業，做完大量的課後習題已是晚上九點，Bill灌下今天的第四杯咖啡，睡眼惺忪地挑燈夜戰，繼續完成五門大學預修課的作業，並為即將到來的辯論賽蒐集資料，通常他上床時已經凌晨一、二點了。

平均一天睡不到五小時的Bill，週末也不得閒，除了要練習橄欖球，父母還幫他報了騎馬、小提琴、西洋棋課

程，外加SAT先修班，有時還得去醫院當義工，和跟同學做group project。

Bill高壓的行程，是矽谷多數亞裔高中生的縮影。他們沒一個自由的暑假，每天忙得像陀螺。在這個小圈圈裡，分數就是一切，在矽谷頂尖的公私立高中，GPA（成績平均績點，Grade Point Average）成績3.5的學生在班上只能墊底，只有全A、前百分之十的學生，才有機會被常春藤大學錄取。

到了申請季節，競爭更是白熱化，所有人都在明爭暗鬥。誰修最多的AP（先修課程，Advanced Placement）課程？誰睡得最少還能拿全A？誰能拿到最有利的推薦函？誰在國家級競賽中取得好成績？誰能加入最好的俱樂部？家長在超市巧遇乾脆裝作不認識，就怕別人打聽你要申請哪一間學校。

不要輸在起跑線

美國學校分為公立、私立兩種體系。公立學校的教育品質參差不齊，私立學校費用昂貴、入學門檻高，所以家長們無不希望把孩子送入好的公立學校。居住的區域決定可以就讀的公立學校，為了提供小孩最好的教育，許多家

長拚了命也要買到好學區的房子，不惜為此付出鉅額的代價，有些父母乾脆心一橫把小孩送進私立學校。

矽谷好學區的房子動輒美金一百五十萬以上，負擔不起的家長甚至將孩子寄宿在祖父母家，或將地址改為親戚朋友的地址，好讓孩子進入好學校。我聽過最誇張的是，印度人為了擠進名校，竟然三個家庭合租一棟學區房，還把車庫改建為居住空間，就算犧牲生活品質，也要讓孩子念最好的學校。

在矽谷，孩子的競爭從托兒所和幼稚園就開始了。明星托兒所一位難求，有錢都不見得進得去，像是谷歌附設的托兒所，剛懷孕就得去排隊。有些常春藤錄取率高的貴族學校，則需要託關係才進得去。

以哈克學校的幼稚園為例，每年都會吸引大批藤爸藤媽來報名，以白人和亞洲人居多。這所學校的錄取率低至5%，比著名的私立大學錄取率還低。據我朋友形容，過程簡直跟申請研究所沒兩樣。首先必須通過書面申請，她得說明孩子的優缺點和興趣特長，以及他們的家庭教育理念，和孩子為何適合就讀這所學校。之後父母和孩子還得接受面試，除了孩子的智力測驗之外，還要確認孩子可以自己打開飯盒、沒有過動傾向，社交技能一切正常等等。

進入頂級的幼稚園後，爬藤父母也絲毫鬆懈不得。

美國升學制度和台灣不同，不僅要看學業成績，還注重孩子的全面發展，因此家長除了拚學區、拚成績之外，還拚各項才藝競賽。為了培養孩子一門體面的特長，他們從小孩幼稚園起，就報了一堆的才藝班，畢竟如果能在一個課外項目取得獎項，就離常春藤大學近了一步。如果要讀私立明星小學，一年級得補資優班入學考，到了高中要補SAT、找私人升學顧問，還有每年的暑期培訓班和考前衝刺班等等。

根據美國Town & Country雜誌的統計，美國菁英家庭培養一個孩子上常春藤名校，要花費一百七十萬美元。而基於常春藤大學的嚴苛標準，即使做出這般巨額投資的家庭，也不能確保孩子一定能擠入名校的窄們。

自殺學區

矽谷父母對孩子的高度期望，過分重視學業成績，忽略孩子的人格健全發展，以為進了名校就是功成名就、晉升菁英階級的入場卷，在這樣環境長大的青少年很容易出現失眠、憂鬱，甚至輕生的念頭。

在過去十年中，矽谷帕拉阿圖明星高中的自殺率，是

全美平均的四倍。美國疾病防治中心（CDC）的報告顯示，帕拉阿圖每十萬名十到二十四歲人口中，就有十四人自殺身亡，自殺最嚴重的兩所高中是帕拉阿圖高中（Palo Alto High School）和關恩高中（Gunn High School），CDC甚至將該市列入「自殺學區」的調查名單。

我的朋友Cindy是帕拉阿圖高中畢業的，現在已是兩個孩子的媽，回憶起高中生涯仍心有餘悸。她告訴我，父母當年為了她念書舉家搬到矽谷，母親放棄台灣的工作，成為全職家庭主婦，父親收入的絕大部分都花在房子的貸款上。雖然她很感念父母的栽培，但當時只要有一科拿B，她的父母馬上變臉，開口閉口都是鄰居小孩怎樣申請到哈佛、成為律師，要Cindy以她為榜樣，搞得她經常失眠、壓力巨大。

她說：「父母的期望是沈重的負擔，有很長一段時間，我認為一個人價值取決於成績、排名，和課外活動的表現。到現在都會夢到我連一間常春藤大學都沒申請到，醒來嚇得一身冷汗。」

名校＝無限光明的未來？

令Cindy不解的是，當初父母費盡心思把她送來美

國，就是看上美國教育鼓勵孩子探索自己、找出自己的天賦和興趣，遠離台灣只重視課業的填鴨式教學模式。但來了美國後，卻又花大把銀子讓她補習、逼她進名校，豈不是把祖國的價值觀一點一滴移植到國外？

雖然許多父母遠渡重洋，把希望寄託在孩子身上的心態，屬於人之常情。但當孩子在龐大的升學壓力之下走上絕路，不禁讓人思考**上名校的意義是什麼？從名校畢業後，是否就保障人生將一切圓滿順遂？**

或許當父母拚全力提供最好的教育給孩子時，也可以思考一下孩子是否真的適合或有能力上名校。**我們能否重建一個重視好奇心，幫孩子找到自我價值，對失敗抱持開放態度和鼓勵孩子參與世界的教育體系？**

04. / 矽谷人的美麗與哀愁

每次朋友一聽到我在矽谷工作，都會投以羨艷的眼神，「你一定賺很多吧，公司福利超好，有免費吃到飽的午餐和點心」，並認爲我一定開名車、住豪宅，工作時間彈性，還可以在家工作。

矽谷由於工作機會多，加上自由創新的風氣，一直以來是科技人才心中的麥加聖地。許多人嚮往來這裡工作，和世界各地的菁英一起推動全球的科技潮流。在當地生活了將近十年，我認爲矽谷有優點也有缺點，好處包括：氣候終年舒適宜人、陽光普照，除了夏季偶而會飆到攝氏四十度以上；優美的自然風光，矽谷開車兩小時內就可以看到蔚藍的太平洋，還有以葡萄酒聞名的納帕谷（Napa Valley AVA）、百年樹齡的紅杉林……，造就此地一年四季豐富多彩的戶外活動，滑雪、泛舟、健行、露營等。

再者，灣區有豐盛、隨季節遞嬗的海鮮蔬果農畜，飲食文化面貌多元，歐洲、亞洲，甚至非洲的食物矽谷都吃得到，更別提隨手可得的台灣美食，像是珍奶、炸雞排、牛肉麵等應有盡有，撫慰了遊子的鄉愁。矽谷可謂是地靈

人傑，身為世界科技發展的搖籃，科技公司提供了非常多的工作機會，且待遇優渥、福利好，你有機會跟世界一流人才工作。若是有興趣創業的人，矽谷自由開放的氛圍非常適合你，這裡創投公司和創業加速器林立，加上頂尖的技術人才，創業資源滿滿。

然而，撇除上述的優點，矽谷其實和外界想像的世界不太一樣。大家以為這裡是人生勝利組的地盤，實則多數人在高度競爭的環境下，每天兢兢業業、深怕丟了飯碗，並為了負擔高額的房貸而節省度日。

現在來說說矽谷的缺點吧。

超長的工時

首先，如果你希望準時下班、工作生活平衡，那矽谷並不適合你。在矽谷科技業，每週工作六十多個小時，狂熱地專注於你的工作，被視為一件很「酷」的事情。矽谷的企業奉行責任制，雖然不用打卡，你的主管也不會要求你加班，但為了達到團隊的使命、同儕間的高度競爭、嚴格的考績制度，和與不同國家和時區的團隊合作，工作時數無形之中被拉長了，造成一種「瘋狂工作」的文化。

若自行創業或任職於新創企業，情況或許會更嚴重。

我有一位學長在矽谷連續創業三次，他爲了取得市場先機、領先對手，和他的團隊曾連續兩個月每天不眠不休地寫程式、解bug，就爲了及早研發出產品的原型。

天價的居住和生活成本

矽谷人雖然收入高，是美國家庭收入中位數的兩倍，但許多人是買不起房子的，因爲這裡是全世界房價最高的地方之一。在矽谷，檯面上的年薪和最後入袋的數字，完全是兩碼事。有人說加州的特產不是燦爛的陽光，而是貴鬆鬆的「稅」。以一個年薪十五萬美金的工程師爲例，繳完聯邦稅、州稅、醫療保險稅、社會安全稅之後，實際到手的只有薪水的60-65%，也就是九萬美金出頭，扣除每月房租三千到三千五百美金，每年剩不到五萬美金。矽谷的物價高得離譜，一頓普通的午餐稅後將近二十美金。不到五萬的年薪，扣除生活開銷和其他支出（例如小孩的托兒所費用），幾乎所剩無幾，怎麼買得起動輒一百五十萬美金起跳的房子？

難怪近年來，我身邊許多朋友紛紛搬到居住成本較低的西雅圖、奧斯汀等城市，也有不到三十歲的朋友，乾脆直接租一台旅遊拖車，連房租都省了。根據調查，光是2021年矽谷居民出走了近四萬人，是網絡泡沫以來最大的

人口外移。除了當地居民外移，許多創業家、創投和科技大廠如特斯拉、惠普和甲骨文，也早已將總部遷到其他城市。

血淋淋的末位淘汰制

矽谷科技巨頭以高薪著名，但高報酬也意味高壓力、高淘汰。所有過五關斬六將、好不容易進入一線公司的人都知道，真正的考驗才要開始，因為進得來不見得留得下來。你的同事既聰明又努力，多數人畢業於常春藤聯盟，或是史丹佛、柏克萊這類的名牌大學，你得加倍努力才能確保不會被刷掉。

PIP（Performance Improvement Plan）績效改進計劃是每個矽谷工程師的惡夢，在一段時間內如果不能達到標準，就會被解僱。但與其說PIP是績效改進，更像是裁員前的凌遲，因為一旦你被送上了PIP，就代表快被炒魷魚了。許多矽谷巨頭像是亞馬遜、蘋果和臉書等都有PIP機制，其中亞馬遜的員工PIP比率高達10%，我在亞馬遜工作的朋友說，亞馬遜每年有PIP的名額限制，因而有不成文的「hire to fire」文化，有些主管為了不讓原本的團隊成員被裁掉，乾脆招聘新人一年後再把他解僱。

2019年臉書的一名工程師就是因連續考績不佳，被加入PIP而跳樓自殺，當時他的工作簽證快到期，被裁員意味可能得離開美國，在強大的壓力之下選擇結束生命。我身邊也有朋友剛入職半年就被PIP，或是工作五年快拿到綠卡前被無情淘汰，就算在沒有PIP機制的公司，因高強度的工作壓力而有掉髮、高血壓和憂鬱傾向的也大有人在。

平衡報導一下，谷歌的制度比較人性化一點，谷歌的面試採陪審團制，面試過程往往長達半年以上。好不容易招進來的人才，谷歌才不輕易放你走，若有員工有辭意，主管會幫你尋找調到其他部門的機會，我還聽說過，有一位員工一時間不知道自己想做什麼，上面甚至給他半年的時間「思考」，就為了不讓他辭職。

同質性高的單一文化

很多人都說美國是文化大熔爐，但我搬到矽谷後，發現這裡「很不美國」，我待過的公司中，團隊成員70%以上由華人和印度人組成，如果是工程部門更嚴重，美國人相對稀少、根本看不到半個黑人。再來就是能在矽谷找到工作並定居的人，絕大多數任職科技業，這群人是經過「篩選」而留下來的──美國百大名校畢業的技術人才，

或頂著碩博士學歷的高知識分子。這些人平均年薪十幾萬美金以上，他們關心的話題圍繞著工作、創業、科技和投資，在矽谷的聚會中，你很難聽到關於文化或藝術的對話。

另外，矽谷隨著中產階級化（gentrification）的現象加劇，高昂的租金和生活成本，將原本的居民不斷向外擠。科技公司的群聚效應吸引了同質性高的人才，加上產業的單一性，造成矽谷灣區的多元性嚴重不足。有朋友跟我說，他以前在台灣工作時，身邊不乏從事設計、金融、餐飲和媒體業的朋友，透過和不同產業的人互動，能拓展他的視野，並激發出有趣的創意。但搬來矽谷後，他的交友圈幾乎都是科技產業的人。就連著名投資人彼得‧提爾都認為矽谷單一、封閉的文化是「有毒的」，他想要到一個知識分子思想多元的城市去發展，因而搬去洛杉磯。

生活品質每況愈下

在矽谷上班，每天最痛苦的事不外乎超長的通勤時間。矽谷大眾運輸不方便，多數人選擇開車，但跨市的主要公路很少，上下班的尖峰時刻總是塞得水泄不通，僅十五分鐘的路程竟要開上四十五分鐘。這還算幸運的，若住在海灣的東側，單趟至少要開一個小時。這幾年，住在矽

谷的痛苦指數越來越高，擁擠的交通之外，貧富差距造成流浪漢逐年增加，不但影響市容，治安也日益惡化，槍擊案、闖空門、搶劫、打破車窗搜刮財物的案件頻傳，有孩子的朋友一入夜甚至不敢外出，門窗緊閉。

別以為這樣就沒了，全球暖化，加上加州長期乾旱缺水，近年來一到夏季灣區便野火肆虐，空氣污染嚴重，連在室內也要戴口罩。2020年的野火極為嚴峻，幾乎快燒到我家門口了，我們都做好緊急避難的準備。

如果要來矽谷工作和生活，心臟真的要大顆一些，好山好水、美食不虞匱乏的環境下，也有著不為人知的心酸。

05. 把營養駭進自己的身體

　　Jackie夫婦是我在矽谷朋友圈裡，充滿狂熱健康意識的一對夫妻。身為連續創業家，這對夫婦十年內和朋友合夥創立的三間新創公司，都被高價收購，如今他倆正醞釀下一個創業計畫。每天一早，Jackie都遵循一套嚴格的飲食流程，他將黑咖啡加上一匙的草飼奶油和椰子油，放入攪拌器打勻，做成「防彈咖啡」，取代早餐，「早上只喝防彈咖啡讓我瘦了幾十公斤，我的思緒變得更清晰、精神更好。」上次聚會時Jackie得意洋洋地跟我分享。

　　Jackie的老婆Maggie則熱愛輕斷食，經常連續五天只吃晚餐，「維持飢餓真的能更加專注，少了一日三餐的打斷，我可以不受打擾地做一件事。」就算我約她在斷食日一起去吃午餐，Maggie也可以很從容地只喝白開水。這對夫婦還會配戴健身追蹤器，隨時監測自己的心率、卡路里和睡眠模式。其他像是生酮飲食、多巴胺禁食、無麩質飲食，和所有你想得到的極端飲食，他們都嘗試過。

　　這對夫婦同時是運動狂人，Maggie白天上Barre[17]，晚上去Barry's Bootcamp，她認為女人的魅力不在於名牌包

---

17 結合芭蕾、瑜伽和皮拉提斯的身材雕塑運動。

或名貴洋裝，而在於身體的健美線條。Jackie跟她相反，每天自己在家做七分鐘高強度運動，他主張「運動也要講求高效率，去健身房或請健身教練太浪費時間了。」

身價破億的他們，笑稱多年來維持生產力巔峰的祕訣，在於持續「優化身體」，拿自己的身體實驗各種極端的「生物駭客」（biohacking）的祕方。Jackie和他的同行，甚至會照紅外線刺激大腦，定期服用大麻和微量的迷幻蘑菇，他說服用迷幻藥物為他開啟思考的新視野，讓他更有創意、更冷靜。「身為創業者，我們常被投資者拒絕，我們需要領先同行推出新產品，這是矽谷的寫照，為了提高生產力，不得不如此。」

生產力為王道

在矽谷，不乏像Jackie夫婦這般的生物駭客，這群人把自己的身體當作精密的機器，既然機器和系統可以升級，人體也理當如此。他們對身體做嚴密的監控和實驗、嘗試各種養生方法、服用大量補品，以便讓身體運作得更好。

身體優化的目的，不是為了瘦身，或想擁有比基尼身材去海灘秀身材，而是讓身體隨時處於最佳狀態，才能有

更高的生產力和年輕的活力。

矽谷對於各種提高生產力的招數非常癡迷，在這個競爭激烈、分秒必爭的科技之都，要能坐領高薪，首先必須能對抗龐大的壓力和超長工時。我身邊無論是軟體工程師、產品經理或在新創圈的朋友，幾乎都把「追求效率」視為生活的最高指導原則。

我之前中午開會忙到沒時間吃飯，也曾學公司裡的工程師喝Soylent代餐飲料，這是一款富含蛋白質和碳水化合物的粉末，泡水沖開就能飲用，喝起來沒什麼味道，卻被一票工程師視為提升效率的法寶，「這樣我就可以一直在電腦前寫程式，不用去找東西吃，省下好多時間。」

Soylent由矽谷軟體工程師Rob Rhinehart發明，Rhinehart專注於創業，認為吃飯是一件低效率的事情，因此研發了這個含有各種營養成分的粉末，短時間就募資到大量的風投資金。特斯拉創辦人伊隆・馬斯克曾表示：「如果有什麼方法可以不吃飯，從而做更多工作，那我寧願不吃飯。我希望有辦法可以讓我不坐下來吃飯就能獲得營養。」

我喝了Soylent一週後，每天的確省去至少一小時，但我還是喜歡在中午時離開辦公桌，和同事去餐廳打打牙

祭，順便聊聊公司八卦。

在矽谷，效率就是一切。無論是Soylent、讓人省去「到底要煮什麼」煩惱的食材配送服務Blue Apron，還是生鮮宅配Amazon Fresh，這些服務風靡矽谷的原因，說穿了就是為忙碌的矽谷人省下大把的時間，讓他們有更多時間投入工作。

不會生病的高效機器

這些試圖利用科技改變世界的矽谷菁英，正在「重塑」健身產業，與醫生不同的是，他們對治療疾病不太感興趣，而致力把自己變成一台不會生病的高效機器。

他們討論如何像破解代碼一樣，來解碼健身的奧秘，發明了許多新奇的可穿戴設備來監測體能數據，儘管沒有糖尿病，每天也會嚴密追蹤血糖、血酮、體脂率，以檢查實施的極端飲食法，是否有效降低血糖。他們在網路上和私人俱樂部，討論心率變異分析、睡眠週期、血糖水準，交流彼此的作法與劑量。

很多企業的執行長都有一套另類的健康習慣，外人看起來荒謬怪異，他們卻引以為傲，宣稱因此脫胎換骨、提高工作效率。比方說，Twitter創辦人Jack Dorsey每天早上

喝鹽汁，一天只進食一次。防彈咖啡創辦人Dave Asprey一天吃一百五十顆維他命、嘗試各種神經儀器。臉書創辦人馬克·祖克柏吃過一整年的素。聰明藥及生物黑客企業HVMN執行長Geoffrey Woo，曾在公司發起七天斷食活動，並成立WeFast社團推廣斷食，成員多半是二十到三十歲的矽谷工程師。

更有甚者，矽谷新創公司Ambrosia打著延緩衰老的名義，提供「換血」服務，為客戶注射十六到二十五歲年輕人的新鮮血液，許多矽谷大佬包括風險資本家、PayPal聯合創辦人彼得·提爾都參與了這項實驗。事實上，近幾年矽谷有越來越多企業和億萬富翁，投入延長人類壽命的研發，堅信科技能夠解決「老化」。

矽谷人對效率和生產力的沈迷是能夠理解的。

畢竟，在社會地位與個人資產，和公司估值密切相關的世界中，你能夠完成的工作越多，獲得的社會資本就越高。如果能把花在要吃什麼、要穿什麼，或任何妨礙日常生活小決策的時間，花在寫程式或投資上，便可以大為提高效率、更有利可圖。

只是，當這種沈迷演變成一種對身體和時間（長生不老）的控制時，我相當好奇，未來矽谷會運用科技和數

據，「駭」進什麼新的領域？或者說，有什麼領域是他們認爲不能用科技操控的？

　　生物駭客利用生物學知識來操縱身體功能和結構，以優化一個人的身心健康。但水能載舟，亦能覆舟，任何植入人體的設備，都有感染的風險，材料是否能與人體兼容也是一大問題。生物醫藥公司的CEOAaron Traywick，爲了突破生理侷限，曾在自己的大腿注射皰疹治療基因藥劑，兩個月後，他在水療中心溺死，身邊有許多藥瓶。專業人士認爲他的死因與之前的注射有關。生物駭客如果操作不當，也有可能會導致引起併發症，例如感染或受傷。

06. 矽谷人穿得極簡、吃得有機、天天健身

　　我剛搬來矽谷時，在當地最大的百貨公司Valley Fair逛街，發現沒有人背有品牌logo的名牌包。我原本幻想在富裕的矽谷，應該會看到提著柏金包的貴婦，但街上的女性不是穿著Lululemon的緊身運動褲，就是上身罩一件Patagonia羽絨背心，我一身蕾絲洋裝一看就是外地人。

　　當時我還嫌人家老土，後來才知道所謂的矽谷時尚，就是舒適隨意的運動風，因為凡事追求效率的矽谷人，連流行時尚也必須兼顧實用與機能性。而且矽谷女性大多認為，自己的魅力不是建立在口紅洋裝之上，而是健美的身體線條和頭腦。

公司T恤是地位象徵

　　在矽谷，極簡休閒、內斂低調和淡化品牌是不分男女的穿搭守則，但矽谷人喜歡在細節處例如鞋子或背心，展現一點個人風格。比方說，重視環保的人會穿Rothy's平底鞋或Veja運動鞋，追求舒適的人一定選Allbirds的羊毛

鞋，喜歡戶外運動的則穿Columbia的淺筒登山鞋。皮鞋和高跟鞋基本上被束之高閣。

除了這種帶有個人風格的「隨意」穿搭風格，有些矽谷人還極為崇尚印有公司logo的衣服、帽子和背包。走在矽谷街頭，時常可見從頭到腳都印滿公司logo的科技人士，且以剛到新公司就職的男性居多。這些人一方面自豪於自己所任職的公司，另一方面是在哪裡工作比名牌光環更能彰顯自己的「身價」，而即使是公司T恤，也蘊含一定的「潛規則」。

打個比喻，一個穿著2008年臉書T恤的員工，就比身穿2014年T恤的要值錢，因為臉書於2012年首次公開募股，在2008年加入的早期員工，在公開募股後可能早已是千萬富翁。簡直言之，依據公司T恤判斷一個人的薪資水平，在矽谷早就是一個公開的秘密。

格子衫已經過時？科技新貴越來越潮？

多年來，T恤（或格子襯衫）、牛仔褲和運動鞋一直是矽谷工程師的標準制服，如果在辦公室看到男士穿西裝、打領帶，女士穿洋裝配高跟鞋，可能會上頭條新聞。畢竟在講究效率和以年輕人為主導的科技業中，舒適一向

比時尚更為重要。

但近年來隨著科技大佬逐漸重視穿搭，以及越來越多年輕男性湧入矽谷，上述的標準配備開始產生改變，傳統的「矽谷風」正在升級為2.0版本——融入設計師品牌、奢侈品牌以及品牌聯名設計的混搭風格。

這種風潮是從上而下的，臉書（Meta）執行長馬克·祖克柏拋棄了他的標誌性連帽衫，在公開場合越來越常穿西裝等正式服裝；他多年來身穿的灰色T恤，實際上也是來自義大利奢侈品牌Brunello Cucinelli。而谷歌執行長桑德爾·皮查伊（Sundar Pichai）雖然穿運動夾克，腳下踩的卻是高級時裝品牌Lanvin的運動鞋。亞馬遜創辦人傑夫·貝佐斯也開始穿起剪裁合身的西裝，例如Tom Ford的燕尾服。更別提一向走好萊塢浮誇風格的伊隆·馬斯克。

越來越多矽谷高管和員工聘請私人造型師，根據自己的個人特質，打造既隨性又不失專業的衣著形象。這種改變我能深刻感受到，因為老公P原本衣櫃裡只有連帽衫和T恤，現在竟然開始穿起舊金山極簡潮牌Everlane的羊絨針織衫。

吃得有機在地，是種生活態度

　　有機、在地、可持續性，是矽谷灣區飲食文化的關鍵字，從速食店到米其林餐館，從農夫市集到街頭餐車，這種重視食材來源、環境永續的風潮隨處可見。

　　矽谷緊鄰東灣柏克萊（Berkeley），柏克萊是美國有機飲食革命的先鋒城市，因此矽谷也深受此種有機飲食文化的影響。1971年，有「加州飲食教母」之稱的愛麗絲・華特斯（Alice Waters）於柏克萊開設了Chez Panisse餐廳，主張「用簡單的手法，處理最新鮮的當地食材」，自己種植蔬菜、跟附近小農簽約購買當季蔬果，並和當地農牧場合作生產放養的雞鴨牛羊，如此作法，在那個餐飲界大量使用冷凍食材的年代，造成一股驚人的風潮。

　　九〇年代，同是柏克萊出身的學者麥可・波倫（Michael Pollan）提倡「Eat Real Food」（只吃真食物），他們掀起的這波飲食革命，從慢食、農場到餐桌、有機在地食材等，深深改變了灣區、加州，乃至所有美國人的飲食態度。

　　剛搬來矽谷時，我發現這裡每一個城鎮都有自己的農夫市集（farmer's market），假日去逛逛市集、支持當地小農，是非常尋常的娛樂消遣。餐館多標榜使用本土最新

鮮的當季食材，你會在菜單上看到清楚的食材產地，或標示肉品放養的方式，有機種植是最基本的，其他像非基因改造、動物食品不打賀爾蒙也很常見，菜單更隨著季節而有所變化。從餐廳主廚、員工到食客，每個人都很重視食物產銷履歷，仔細詢問與了解食物的來源、耕種方式，在矽谷灣區是相當自然的情景。

矽谷灣區「城市自耕農」的風潮也極為普遍，很多高管、工程師都喜歡在自家後院種植蔬菜、水果，甚至養雞養鴨，徹底實現食物從生產到消費都在地化。有些退休的矽谷上班族，甚至會在郊區買一塊地，時不時就挽起袖子當農夫，親自收成番茄、甜椒和檸檬等蔬果。對矽谷人來說，這種健康又紓壓的生活方式，實在比泡夜店買醉更有吸引力。

令人費解的健身文化

剛搬來矽谷時，我對於整個城市散發的高度健康意識感到不可思議。我原本居住的德州休士頓，是全美肥胖人口長年居冠的城市，同事中午不是相約去吃BBQ，就是去吃到飽的壽司店。近朱者赤，我下班後回到家吃完晚餐，時常攤在沙發上吃薯片追劇，腰圍很快就肥了一圈。

反觀我在矽谷的同事，多數人的身形都很苗條，男生有二頭肌，女生手臂有線條，搞得我壓力超大，馬上報名加入健身房。很多矽谷人的中餐以有機沙拉或冷壓蔬果汁果腹，有些人甚至省略中餐，選擇到戶外慢跑或上健身房鍛鍊。矽谷許多公司設有淋浴間，想必也是為了響應員工高昂的運動意識吧，公司更會時常會辦各種wellness challenge（健康挑戰），鼓勵員工連續三十天都運動，或記錄每天的卡路里。

　　矽谷販賣冷壓蔬果汁、排毒瘦身餐和健康濃縮汁的店，街上隨便抓都一大把。菜單上列滿一堆我沒看過的食材，像是康普茶、薑黃、羽衣甘藍等，排毒冷壓果汁的名字都令人退避三舍——靈芝薑黃、椰子木炭、薑湯檸檬汁、葉綠素蘆薈等。但在矽谷卻人手一瓶，而且還是非常夯的超級食物呢。

　　此外，矽谷每隔一陣子就會吹起不同的運動風潮，每個城市都有各種精品健身房，從barre、熱瑜珈，到Soul Cycle和Barry's Bootcamp都流行過，前一陣子Peloton智能健身單車和划船機還蠻夯的。除了熱愛室內運動，灣區得天獨厚的溫和氣候，造就了戶外運動的風靡，舉凡慢跑、爬山，到衝浪、騎腳踏車，都有一群死忠鐵粉，週末大家相約健行，絕對比唱卡拉OK的比例高。

有別於南邊的洛杉磯，這裡的人並不是爲了想擁有比基尼身材而去健身，而是爲了讓身體保持在最佳狀態，以擁有最高生產力，晚上才能多寫幾行程式或多回幾封郵件。

　　未來你若有機會來矽谷，除了到科技公司朝聖打卡，也別忘了觀察矽谷特有的時尚、飲食和健身文化。

後記

隨著書寫這本書，我再次歷經初入矽谷的文化衝擊和
震撼，只是這回時間隔得夠遠，我能夠把鏡頭拉遠，看清
楚往事真正的意義。

這本書對我而言有特殊意義，它記載了這八年來我在
矽谷職場的浮浮沈沈，同時目睹了我們這一代「淘金熱」
的開始、新創企業瘋狂的樂觀主義，過熱的創投和資本市
場，科技巨擘的呼風喚雨到反托拉斯調查，以及社群媒體
公司的監管風暴。

我從一位涉世未深、懷抱「矽谷夢」的文組女生，歷
經新創公司、科技巨擘，到最終決定離開矽谷的科技業，
自己出來創業，並透過寫作讓更多人認識矽谷的文化。

無庸置疑，矽谷早已成為世界財富和權力的中心，我
何其有幸能躬逢其盛，並在不同規模的公司工作，領略矽
谷獨有的工作文化，觀察當中諸多的優點和矛盾。

矽谷不是烏托邦，更不是人生勝利組的專屬天堂。當

外人羨慕矽谷開放自由、福利優渥的工作環境時，矽谷人正擔心在競爭激烈的職場被淘汰。矽谷同樣有它棘手的社會問題，日益懸殊的貧富差距，火箭式上漲的房價，和四處可見的遊民。

謝謝大家跟我拿下濾鏡，一同窺探矽谷的奇特文化！但願書中的這些故事能夠破解這份矽谷迷思，為生活帶來多一點顏色，明白看似光鮮亮麗的矽谷人，每天也在為柴米油鹽煩心，也是有歡笑有淚水。因此，美好人生或成功人生的答案不是單選題，抵達目的地的路徑有許多選項與可能性。

另外，我也希望這本書，能讓我們更多的去思考職場和社會現象背後的脈絡，並從看世界的過程中更加了解自己。

我要特別感謝Jill，沒有你就不會有這本書的誕生。非常感謝時報出版的主編潔欣，從一開始的企劃、寫作方向的討論，到後續繁瑣的編輯流程，你一直是我的最佳戰友，並給了我許多寶貴的建議。也謝謝這本書的企劃綾翊和封面設計佳隆，你們讓這本書更加完整與豐富，能與時報出色又專業的團隊合作，我覺得無比幸運。

感謝我的學姊Anita（御姐愛）幫我試閱書稿，在我

寫書的不同時期，提供專業建議。謝謝歐陽立中老師，在我初期的瓶頸期對我的鼓勵。謝謝我最好的朋友Sophie，陪我走過這本書的創作旅程，做我的第一個讀者，並提供我矽谷新創企業的深刻洞察。謝謝Penny和Cecilia聽我碎碎念，你們是我最忠實的啦啦隊。謝謝翠雲姐的暖心鼓勵，我還記得你說的：「坦白能打動人心，矯情不行。」謝謝Michelle和Shirley提供寫書的經驗供我參考，也謝謝小花和Howei跟我一起腦力激盪，我懷念那些美好的越洋電話時光。

我也要謝謝所有接受我的訪問，願意提供你們在矽谷真實的觀察和故事的朋友，因為你們，讓這本書更完整。還有謝謝我父母對我的鼓勵和永遠支持我寫作。

本書是在矽谷南灣和Santa Cruz兩個城市中完成的。Santa Cruz是我的靈感之地，給予我抽離矽谷的機會，因為有了距離，寫起來更為客觀。謝謝這兩個城市的咖啡廳，我會永遠記得這段難忘的書寫時光。

最後，我要謝謝我的先生Paul，在我俯首案前的日子，不但做我精神上最大的支持，還幫忙分擔家務。吳爾芙說：「女人若要寫作，就要有錢有自己的房間。」

我想說：「女人若要寫作，就要有一位丈夫在背後默

默付出。」

如果你喜歡這本書，歡迎到我的臉書粉絲專頁「Nicolle尼可—矽谷Bonjour」跟我交流，也邀請你收聽我的podcast「你Ker這樣說」，一起繼續挖掘生命的動人故事。

Nicolle

VW00043
矽谷傳說臥底報告

作　　　者—尼可 Nicolle
主　　　編—林潔欣
企劃主任—王綾翊
封面設計—李佳隆
內文設計—徐思文
排　　　版—游淑萍

第五編輯部總監—梁芳春
董　事　長—趙政岷
出　版　者—時報文化出版企業股份有限公司
　　　　　　108019 臺北市和平西路 3 段 240 號 3 樓
　　　　　　發行專線—（02）2306-6842
　　　　　　讀者服務專線—0800-231-705・（02）2304-7103
　　　　　　讀者服務傳真—（02）2306-6842
　　　　　　郵撥—19344724　時報文化出版公司
　　　　　　信箱—10899 臺北華江橋郵局第 99 信箱
時報悅讀網—http://www.readingtimes.com.tw
法律顧問—理律法律事務所　陳長文律師、李念祖律師
印　　　刷—勁達印刷股份有限公司
一版一刷—2022 年 9 月 23 日
定　　　價—新臺幣 360 元
（缺頁或破損的書，請寄回更換）

矽谷傳說臥底報告 / 尼可Nicolle著 . -- 一版. -- 臺北市：時報文
化出版企業股份有限公司, 2022.09
　　面；公分. -
　ISBN　978-626-335-882-9（平裝）

　1.CST: 科技業 2.CST: 美國

484　　　　　　　　　　　　　　　　　　　111013684

ISBN　978-626-335-882-9
Printed in Taiwan